生命科學的演進

二十世紀後期，被稱為生命設計圖的基因研究持續發展，直接控制基因的技術也有所突破，人類更創造出擁有同樣基因資訊的複製動物，以及加入了其他生物基因的動物。2003年，科學家更進一步解開了人類的完整基因密碼，並且試圖找出基因與疾病之間的關係。

影像提供／新潟縣農業綜合研究所、三得利（共同開發）

◀▲將風鈴草的藍色色素基因導入粉紅色的百合花裡，開發出過去不曾有過、花瓣上帶有藍色的百合花。

▼「DNA晶片」可顯示基因活動狀態，在短時間之內就能夠整合並調查出癌症等疾病與哪個基因有關。

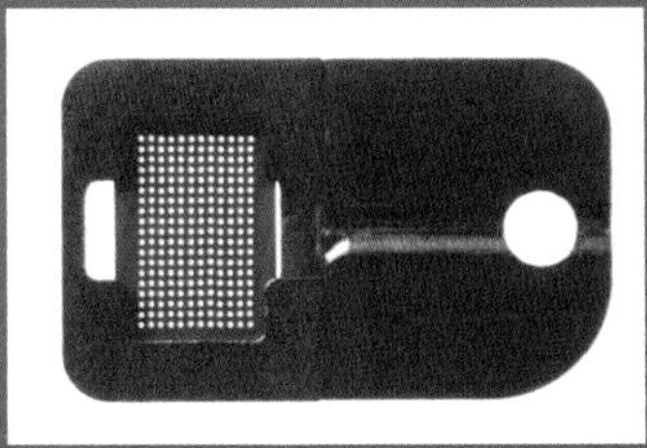

影像提供／三菱麗陽（股）公司

▶利用體細胞複製技術，將未受精卵裡其他母牛的細胞核抽出，改放入體細胞核內進行培育，成功誕生出荷蘭牛三胞胎。連身上的花紋都一樣。

影像提供／獨立行政法人家畜改良中心

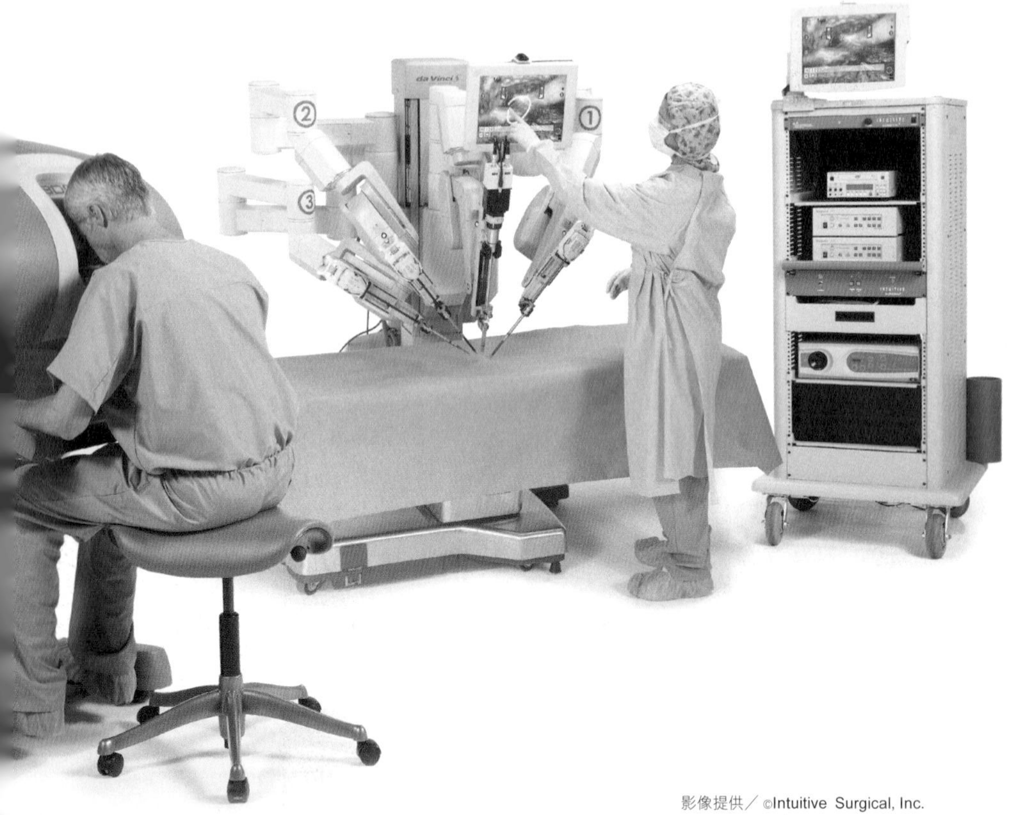

影像提供／©Intuitive Surgical, Inc.

▲手術支援機器人「達文西」。將內視鏡攝影機和機械手臂置入人體進行心臟等手術，不會留下大範圍傷口，減輕病患負擔。

影像提供／大阪大學
伊井仁志研究助教

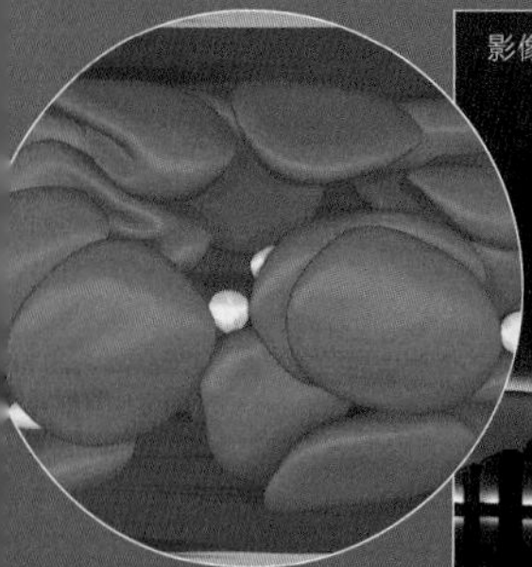

影像提供／理化學研究所

▲▶右圖是超級電腦「京」，可協助生命科學與醫療研究。上圖是模擬血液在血管內流動的情況。

尖端醫療的世界

醫療的世界因為與發達的電子工學、IT 技術、機器人技術等結合而逐漸擴大，為了幫助減輕病患負擔而問世的手術支援機器人也變得更加實用。為了能夠找回因疾病或受傷而失去的器官與功能，再生醫學也加速研究隱藏著莫大潛力的「iPS 細胞」，希望能夠對於醫療領域提供助益。

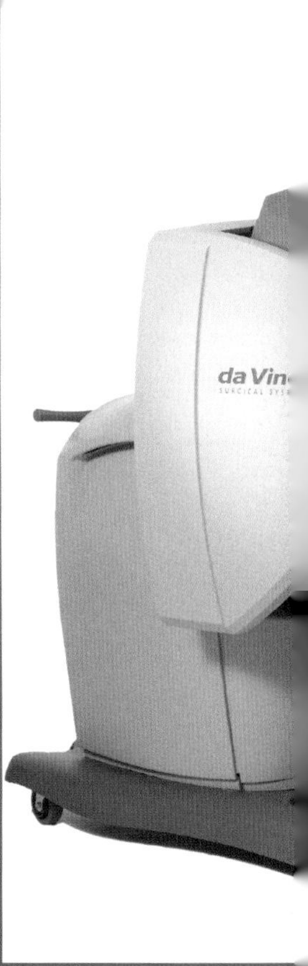

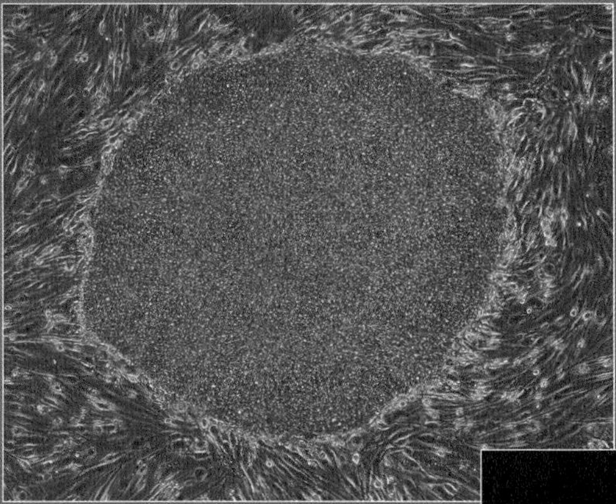

影像提供／京都大學　山中伸彌教授

▲利用人類皮膚細胞製作的「iPS 細胞（誘導多能性幹細胞）」細胞團塊，讓細胞回到角色決定之前的受精卵狀態，幾乎可以無限增殖，也有能力轉變成體內的任何細胞。京都大學山中伸彌教授因為開發 iPS 細胞的研究成果，獲得 2012 年諾貝爾生理與醫學獎。

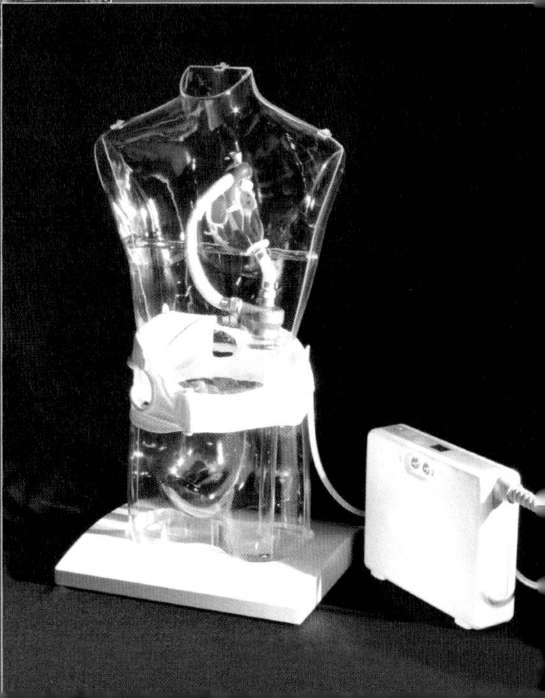

▶日本開發的植入型輔助人工心臟。放入體內的小型鈦幫浦，能夠協助心臟跳動。右邊是用來控制人工心臟的可攜式控制器。

影像提供／
SUN MEDICAL TECHNOLOGY RESEARCH

生化科技的新浪潮

在我們越來越了解生命現象的同時，也逐漸開發出與生命科學相關的各種新技術。從漫長演化歷史中衍生出的各式各樣實用又合理的生命機制，有助於幫助人類打造舒適便利又環保的生活。

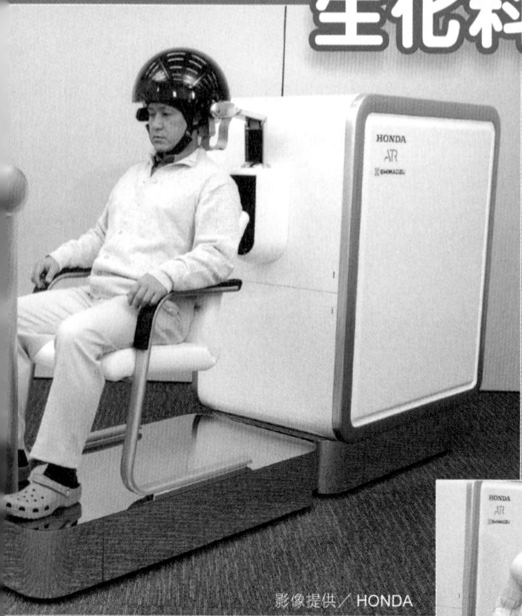

影像提供／HONDA

▲▶2009 年開發的「腦機介面（Brain-Computer Interface，簡稱 BCI）」可捕捉腦活動產生的電流與血流變化，讓你光是用想的就能夠操控「艾西莫（ASIMO）」（右圖）。

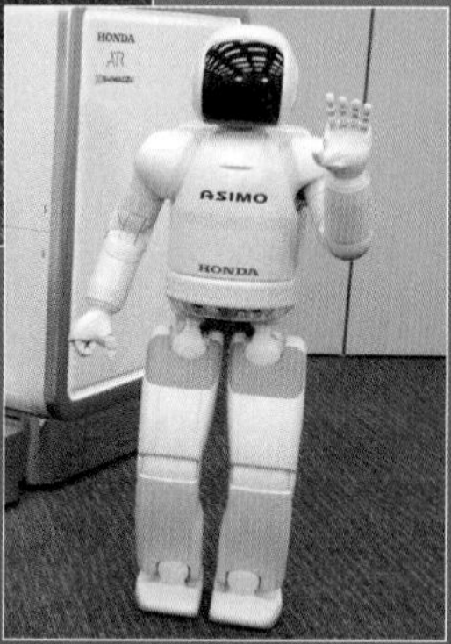

影像提供／筑波大學　渡邊信研究室

▼藻類中的叢粒藻可製造出類似石油成分的油（照片中的小顆粒）。目前科學家正寄望能夠大量培育並運用在燃料等方面。

◀▼利用蝸牛殼表面覆蓋著一層薄水膜、不易弄髒的構造原理，開發出可利用雨水幫助去汙的外牆建材。

影像提供／LIXIL

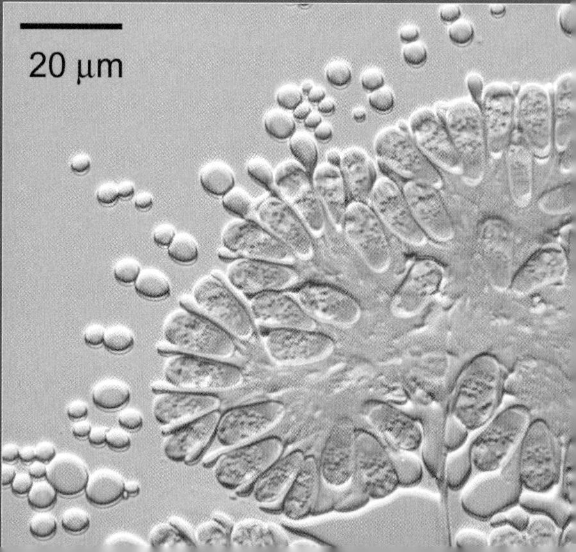

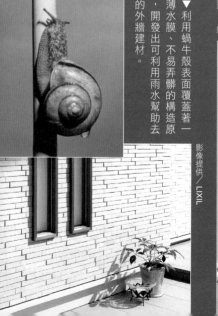

哆啦A夢科學任意門

DORAEMON SCIENCE WORLD

人體工廠探測燈

哆啦A夢科學任意門

人體工廠探測燈

目錄

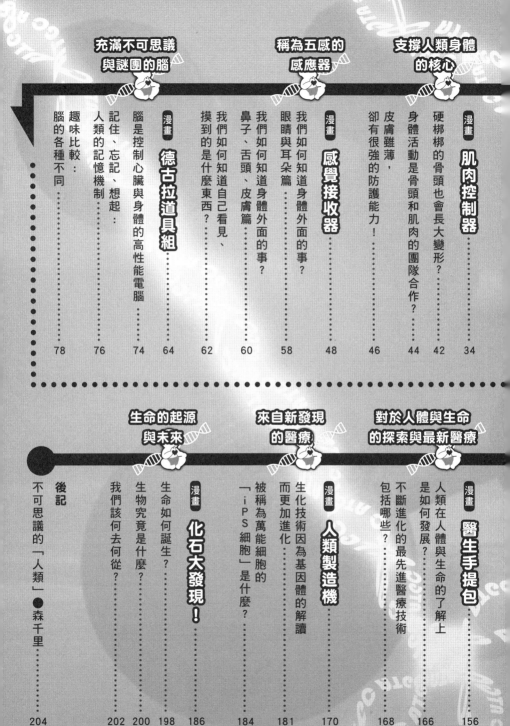

關於這本書

本書的主旨是希望各位一邊閱讀哆啦A夢漫畫，一邊能夠學習科學新知。

漫畫裡提到的科學主題，會在後面附上相關概念的分析。當中或許有些內容比較困難，不過筆者盡量以淺顯易懂的方式來描寫人體構造、生命科學、目前已知的事情及尚未解開的謎團等。

「人類的身體」比任何事物都更貼近我們，卻又同時存在著許多不可思議的現象。例如：「肚子為什麼會餓？」「為什麼每天會想睡覺？」這類單純的問題，科學家都要花上很長一段時間，經過許多失敗之後，才能夠稍微解開真相。許多人類生命的奧祕都被視為理所當然的潛藏在我們的日常生活中。

透過不斷累積的新發現與科學技術的結合，產生了各式各樣的成果。從醫療的進步到運動科學、生化科技

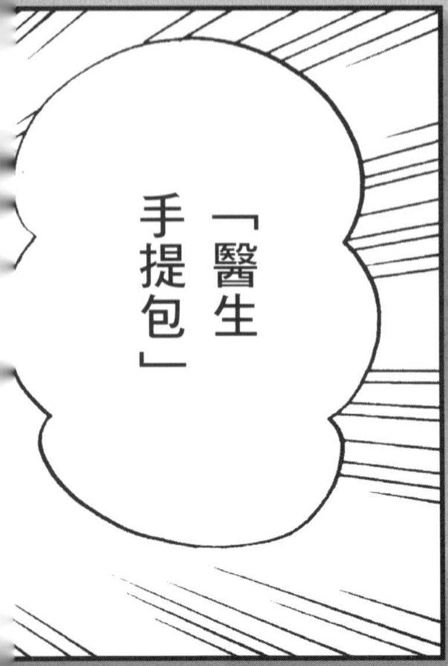

是未來世界的小孩們在玩醫生遊戲時用的。

等，成果充滿了多變且豐富的可能性。然後，現在科學家也開始轉向探索「生命」本身，尤其是關於生命設計圖「基因」的研究，近年來已經陸續解碼。

但是這樣的探索沒有終點，即使在現在這個時間點，世界各地仍有許多新發現持續出現。希望今後即將邁向未來的各位，能夠快樂的學習目前已知的人體構造與生命科學，這正是本書的目的。

或許未來能夠為人類帶來新突破的人，就是長大後的各位。

舒服多了！

※無特別說明的資訊，均是二〇二二年九月的內容。

勇闖靜香胃中

靜香，到底發生什麼事了？
不要吞吞吐吐的，趕快告訴我們吧！
只要是靜香的事，我們都願意幫忙！
那……我就告訴你們好了。
其實…
不會吧！

我剛剛在吃花生的時候。
喀！
該不會是石頭混在裡面吧？
怎麼都沒有…
的確是滾到這邊來的啊……
媽媽，妳在找什麼啊？
貓眼石啊。從戒指上面掉下來的。
現在買的話，應該要五十萬元左右吧！
那靜香的肚子裡……
有價值五十萬的貓眼石？
我已經不知道該怎麼辦才好了……
快點拿出你的道具啊！像是把身體切兩半的鋸子，還有連接起來的膠帶之類的。
妳不用逃走啦！我不會切開妳的身體。

人體工廠探測燈Q&A

Q 消化食物的十二指腸是因為長度等於十二根手指排列的長度而得名。這是真的嗎？

A 真的。但不是十二根手指縱向連接在一起的長度，而是橫向並排的長度。長度大約是二十五公分。

我們進去這個潛水艇，然後用「縮小燈」縮小。
對喔！從靜香的嘴巴進入胃裡，把貓眼石取出來。
NO2
把哆啦A夢和大雄放到我的嘴巴裡面去？
感覺好噁心……
不要就算了。
妳有其他辦法嗎？
拜託你們了。
※照射
※縮小
用這個照就行了吧！
ピカ
シュルルル
吞下去嗎？
趕快吞下去！
パク
※丟入
ゴクリ
※掉落

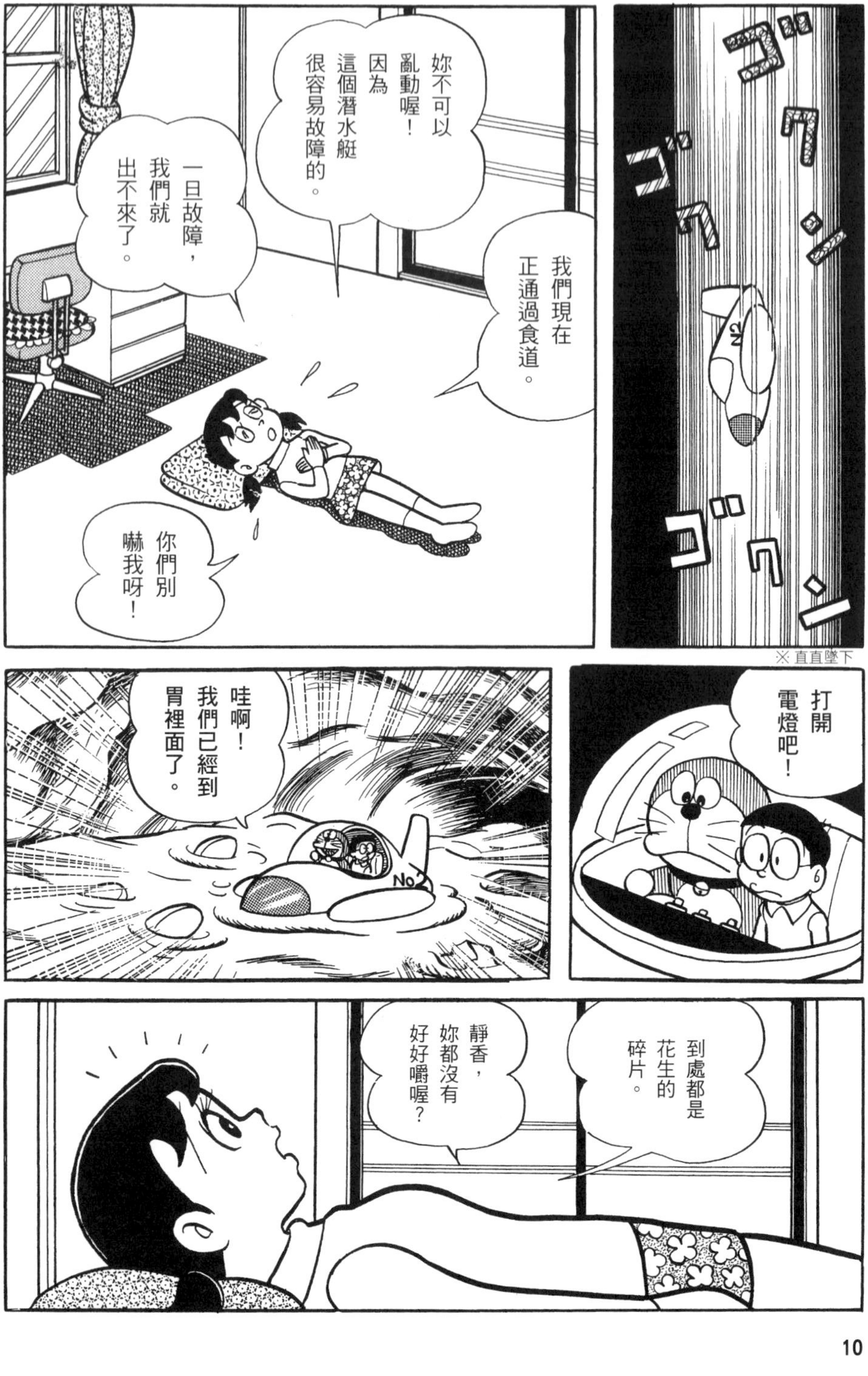
ゴクン
ゴクン
ゴクン
※直直墜下
我們現在正通過食道。
妳不可以亂動喔！因為這個潛水艇很容易故障的。
一旦故障，我們就出不來了。
你們別嚇我呀！
打開電燈吧！
哇啊！我們已經到胃裡面了。
到處都是花生的碎片。
靜香，妳都沒有好好嚼喔？

人體工廠探測燈Q&A

Q 人類的大腸裡住了許多細菌，這也是人類生病的主要原因。這是真的嗎？

A 假的。大腸裡住著上百種、上百兆個細菌，但平常是用來幫助大腸活動，對人體有益。

※劇烈搖晃
不要亂看！趕快找出貓眼石啦！
ガタ
ガタ
不可以亂動！
妳希望我們永遠待在妳的胃裡嗎？
對不起！我會乖乖躺著的。
是那個⋯⋯
我們回去吧。
No2
這個潛水艇可以跳躍到附近的水裡，很方便吧！
跳躍！
ヒュン
※咻

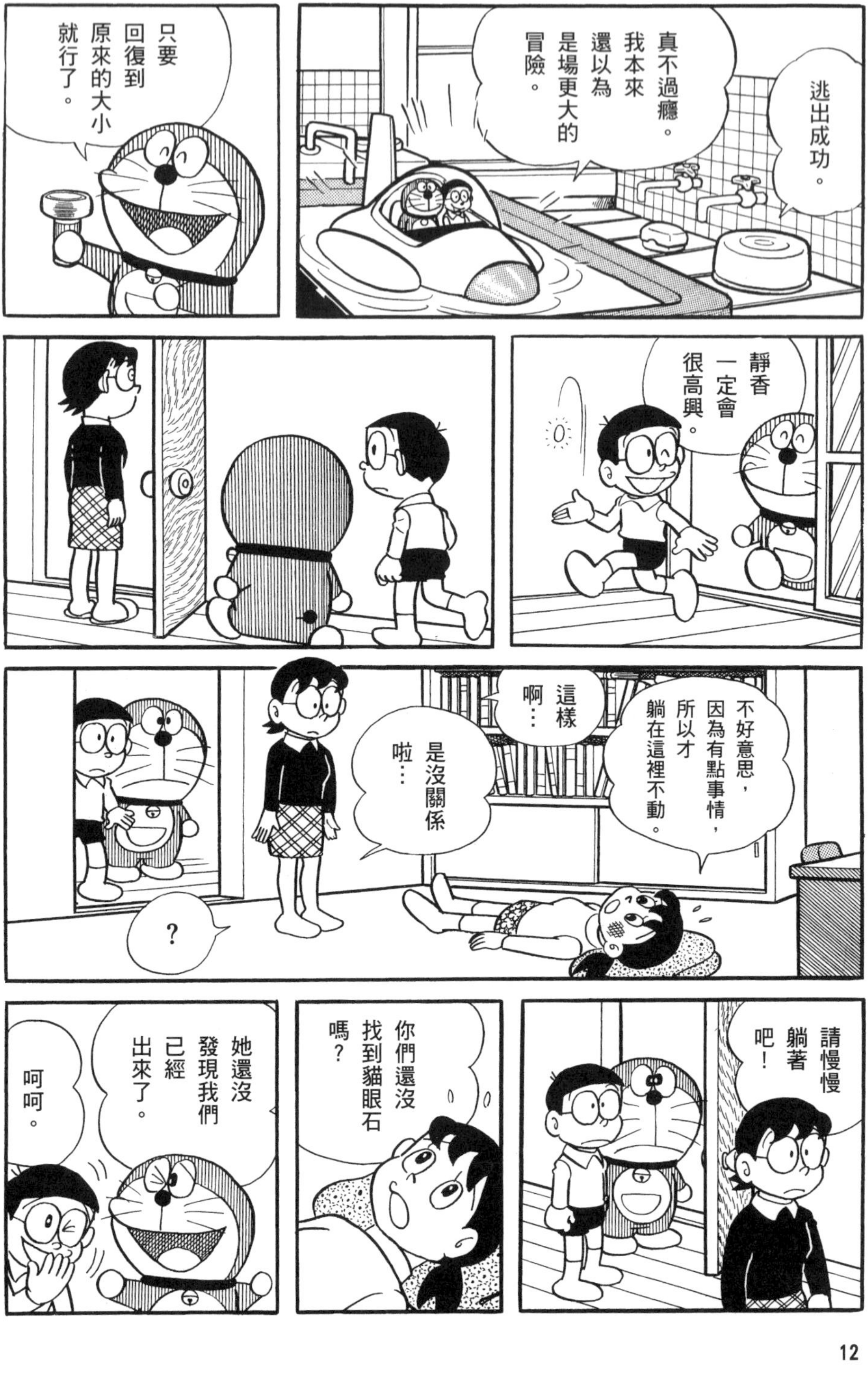
逃出成功。
真不過癮。我本來還以為是場更大的冒險。
只要回復到原來的大小就行了。
靜香一定會很高興。
不好意思，因為有點事情，所以才躺在這裡不動。
這樣啊……
是沒關係啦……
？
請慢慢躺著吧！
你們還沒找到貓眼石嗎？
她還沒發現我們已經出來了。
呵呵。

人體工廠探測燈Q&A

Q 負責製造消化液的肝臟切掉一半也能夠復原。這是真的嗎？

A 真的。肝臟即使切除四分之三，也能夠恢復成原本的大小，再生能力很強。

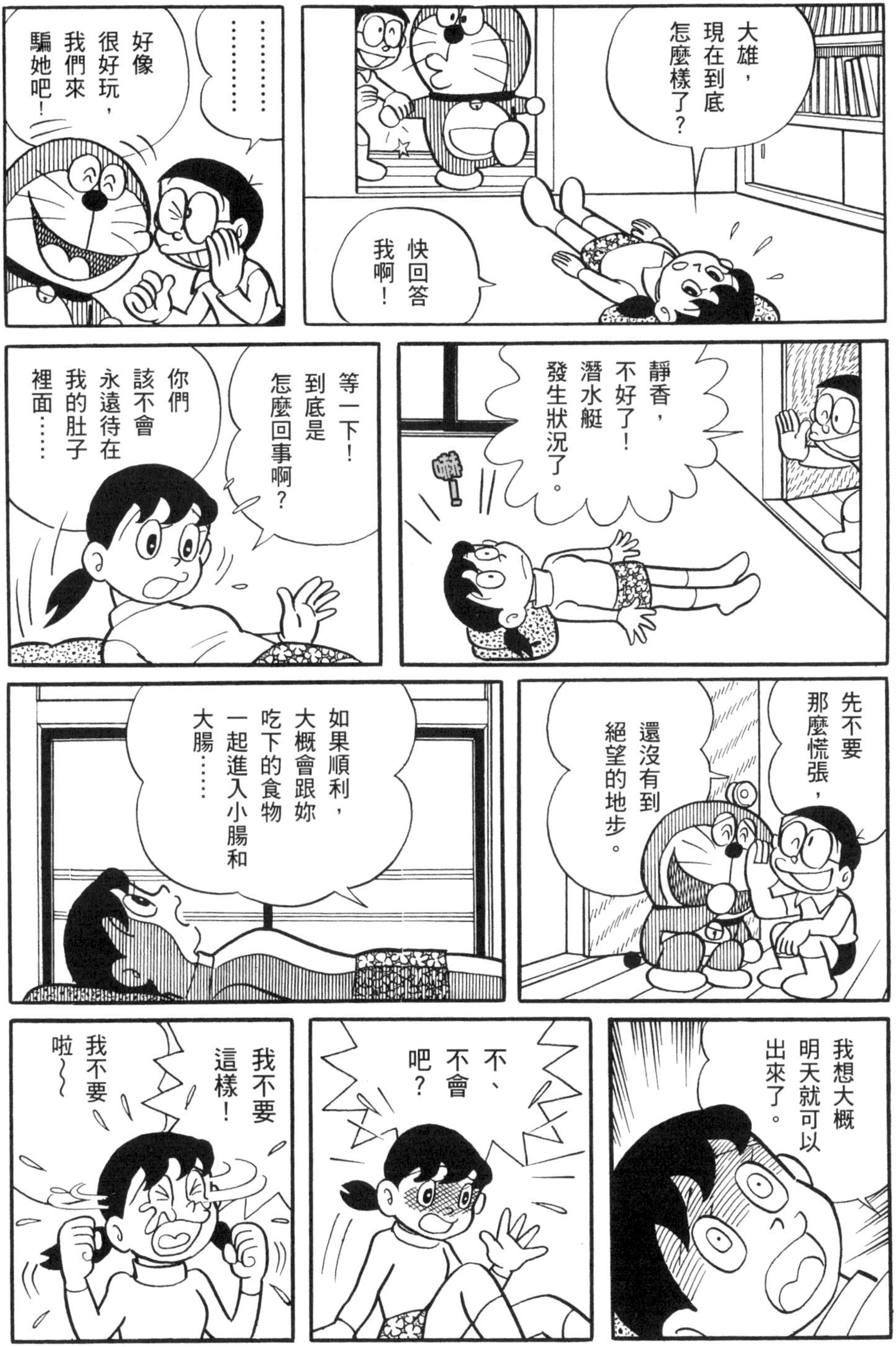
大雄，現在到底怎麼樣了？
快回答我啊！
…………
好像很好玩，我們來騙她吧！
靜香，不好了！潛水艇發生狀況了。
等一下！到底是怎麼回事啊？
你們該不會永遠待在我的肚子裡面……
先不要那麼慌張，
還沒有到絕望的地步。
如果順利，大概會跟妳吃下的食物一起進入小腸和大腸……
我想大概明天就可以出來了。
不、不會吧？
我不要這樣！
我不要啦～～

跟妳開玩笑的啦。
這是妳的貓眼石吧！
對不起！
原諒我們。
パクッ
※丟入
ゴクリ
我好像吞了什麼進去……
是什麼？
什麼東西不見了呢……？
這次要去大雄的肚子裡取出墨水瓶嗎？
真的很對不起！

不會吧！

糞便的重量比吃下去的食物輕？

拿掉食物裡用來供給身體的營養與能量後，就變輕了！

漫畫裡，大雄他們與食物一起在肚子裡旅行。其實我們吃下去的食物最後都會變成糞便，但是糞便的重量卻比吃下去的食物輕了許多。人類的成人每天大約會製造一百五十到兩百公克的糞便。換算成食物的話，白飯裝滿一個飯碗的重量大約是一百到一百五十公克。如果加上配菜和點心，糞便的重量的確很輕。

人類的肚子會吸收食物的營養，而糞便是食物營養被吸收之後留下的殘渣，所以才會這麼輕。

特別專欄

身體的建構！身體的活動！何謂三大營養素？

蛋白質
建構身體
碳水化合物
幫助身體活動
脂肪
儲存能量

碳水化合物 主要存在於米、麵包、薯類之中。會轉換成醣分，成為驅動身體的能量。

蛋白質 主要存在於魚類、牛乳、豆類等之中。會轉換成氨基酸，協助建造身體。

脂肪 主要存在於奶油、肉類等之中。作用是囤積體內的能量，卻也是肥胖的原因。

維生素、礦物質 除了三大營養素之外，還有負責調整身體狀況的維生素與礦物質。

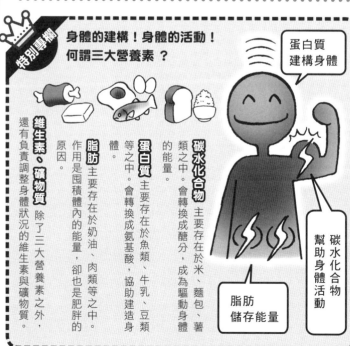

パク

食物要花一到兩天旅行？

咀嚼、咬碎、吞入，食物進入體內後，旅程就開始了

在我們開始談食物在體內被吸收的情況之前，先簡單看看食物旅行的路線吧！

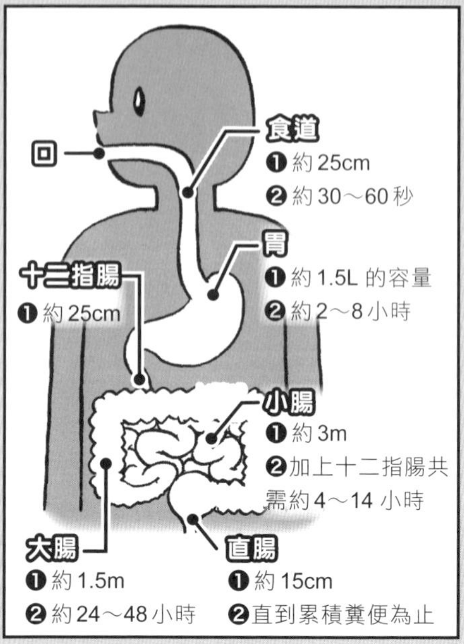
口
食道
❶約 25cm
❷約 30～60 秒
胃
❶約 1.5L 的容量
❷約 2～8 小時
十二指腸
❶約 25cm
小腸
❶約 3m
❷加上十二指腸共需約 4～14 小時
大腸
❶約 1.5m
❷約 24～48 小時
直腸
❶約 15cm
❷直到累積糞便為止
※❶是長度，❷是食物通過的時間。

食物進入口中後，在胃和十二指腸溶解、被小腸吸收營養、被大腸吸收水分，所以在吃下食物之後，大約經過三十到七十個小時後會變成糞便排出。各位可看看上圖，確認食物在各器官裡基本上耗費的時間。

嘴巴是食物進入人體的閘道。雖說我們一看到好吃的食物就會流口水，不過嘴巴的作用不只是咀嚼、咬碎食物，還能幫助食物與口水，也就是唾液混合。當我們仔細咀嚼白米時會覺得甜甜的，這是因為白米裡的碳水化合物轉變成了身體容易吸收的醣分。接著食物滑過食道，進入胃裡。

特別專欄

食物與空氣分道揚鑣！「會厭」很忙碌！

人類的嘴巴不只用來吃東西，也用來呼吸和說話。嘴巴透過氣管與肺連結，食物一旦跑進氣管裡就會導致窒息，因此喉嚨深處的「會厭」會自動分開食物和空氣。

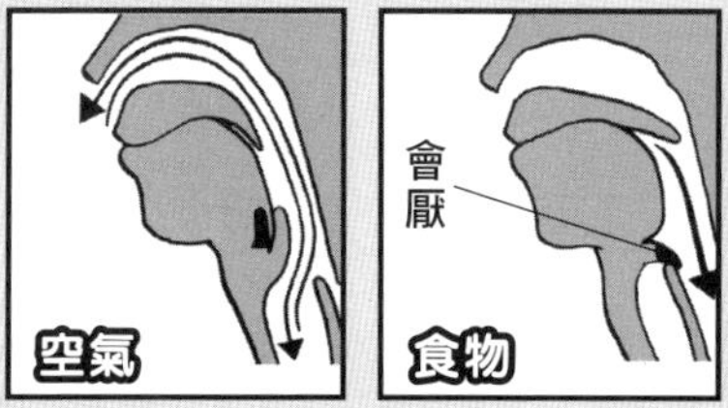
空氣
會厭
食物

多油脂的食物可以促進消化，這是真的嗎？

中午吃了油膩的食物，到了晚餐時間肚子還是覺得脹脹的、吃不下東西。各位應該也聽過這種說法吧？這種情況確實會發生。

食物通過食道之後，首先抵達胃。胃會暫時囤積吃下的東西，與胃液混合，這個舉動是為了幫助十二指腸和小腸消化吸收所做的準備。在胃裡停留最久的是肉類、起司、堅果類等脂肪較多的食物；白飯、馬鈴薯等碳水化合物含量較多的食物只會在胃裡停留二到三個小時，而脂肪多的食物據說最多會停留八個小時，因此會感覺肚子很飽。

胃液的作用是溶解食物，同時也用來殺菌，避免吃下的食物在肚子裡腐壞。吃下的食物能夠停留在胃裡幾個小時不腐壞，所以人類即使覺得肚子還脹脹的，也能夠進行吃東西以外的其他活動。吃下的食物經過胃液溶解，變得像粥一樣的狀態後，會被送進十二指腸。

特別專欄

肚子屬於體外？

我們常說這些器官在「肚子裡」，事實上胃、小腸、大腸對於人類來說就像甜甜圈中央的那個洞，食物要透過小腸等腸壁吸收之後，才算是真正「進入了人類的身體裡」。

體內有切割食物的刀子？

如果將吸收營養的小腸拉直，其長度可以繞網球場一圈

十二指腸與小腸可說是食物消化、吸收的主角。十二指腸主要負責消化，小腸是負責吸收。

前面提過，食物的三大營養素是碳水化合物、蛋白質、脂肪。這些營養雖然小到人類眼睛看不見，不過想要經由小腸壁等吸收之後真正進入人體，這些分子仍舊太大。因此有十二指腸負責混合食物與消化液，將碳水化合物變成醣；蛋白質變成氨基酸；脂肪變成脂質，將它們切割成更小的分子，也就是說，消化液就像是一把將食物切小的刀子。

小腸壁充滿十分細小的皺摺與突起，小腸的長度大約三公尺，不過如果將這些皺摺與突起全部拉平的話，據說會有一個網球場這麼大。被切碎的食物通過這個寬廣的小腸壁時，就會逐漸被吸收到人體之內。

特別專欄

十二指腸的壽命只有三到四天

十二指腸是胃的鄰居，溶解食物的胃液也會一起流進這裡。十二指腸雖然能夠中和胃液，卻也會因為來不及中和而被胃液溶解，因此十二指腸的細胞每三到四天就會更新一次。

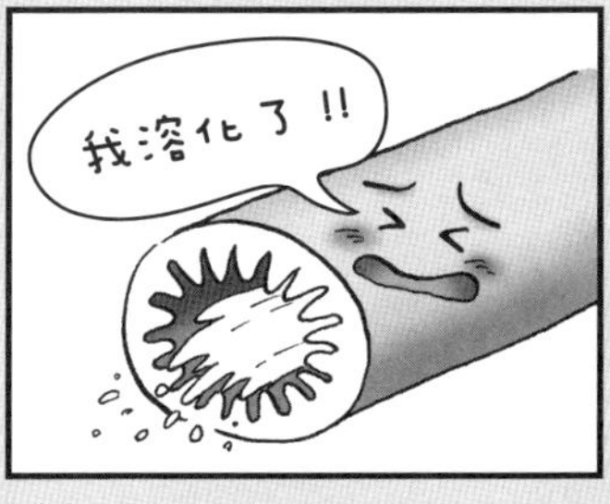

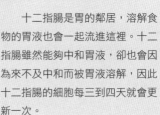

特別專欄

負責把食物切小塊的消化液是由肝臟和胰臟製造出來的

肝臟➡膽汁

肝臟負責的工作，堪稱是「體內化工廠」，它同時也負責製造消化脂肪的消化液「膽汁」。糞便的顏色就是膽汁的顏色。

胰臟➡胰液

消化液的生產主力是胰臟。胰臟製造的胰液屬於鹼性，能夠與酸性的胃液中和，另外也有助於碳水化合物、蛋白質、脂肪等的消化。

唾液、胃液

其他消化液還有唾液和胃液等。一天之中產生的消化液分量大約是唾液一公升、胃液兩公升、膽汁零點七公升、胰液一點二公升。

糞便中的食物殘渣含量只有百分之十六至十七

小腸吸收營養後，剩下的食物殘渣會被送進大腸。大腸的工作就是榨乾這些剩餘殘渣的水分。糞便的成分有百分之七十五是水分，食物殘渣只有百分之十六到十七，剩餘的百分之八至九是住在人類腸道裡的細菌屍骸。人類的肚子裡有這麼多細菌存在，真叫人吃驚！

糞便只要一堆積在直腸裡，腦部就會收到訊號，因此我們就會想要上廁所。

強力幫浦瓦斯

在吵什麼？
他們兩人一看到我，就吵著說要來我們家的游泳池。
就讓他們來啊！
現在不想。
為什麼？
小氣。

我想去你家的游泳池玩。
現在不行!!
改天吧。
改天是哪天？
我也想儘快啦……
但是一直都……
今天一定非要學會游泳不可。
去練習囉！
大雄，幫我搧風好嗎？
一百次十圓。
我不想做那種愚蠢的工作。
用吸塵器打掃。
一個房間十圓。
大家都在阻撓我學游泳。

人體工廠探測燈Q&A

Q 心臟將血液送到身體各處。與心臟大小相仿的是下列哪一個？①頭 ②拳頭 ③腳

A ②拳頭。人類的心臟大小與一個拳頭差不多大。成人的心臟重量約兩百五十公克。

「空間擴張劑」。
吞下去後……
你會覺得四周……
變得很寬廣。
你看，大泳池耶！
悠悠哉哉的游吧！

※ 咻

※ 啪啦啪啦　※ 噗通　※ 沈入

不游了嗎？
我懂了！
你是不想在大家面前丟臉，所以才不讓他們來。
你這樣永遠都學不會的。
沒關係。
真是傷腦筋。
「強力幫浦瓦斯」。
這個能增強肺活量，吸進比平常多一千倍的空氣，並儲存在裡頭。
那麼做可以幹嘛？
這樣你就不會溺水啦！
會溺水，是因為在水中無法呼吸的緣故。
要是存很多空氣在肺裡的話，就可以在水中待好幾個小時了。
這麼一來，就能不慌不忙的擺動手腳，不久你就會游泳了。

Q 為了將血液送到全身，血液在血管裡是以每秒一百公尺的速度流動。這是真的嗎？

A 假的。不同身體部位的血液流動速度不同，不過大致上約為每秒七公尺。

※咻
※吸氣
大口的吸入空氣。
已經充滿空氣了。
真的不會溺水嗎？
絕對不會。
真的一點都不會感到痛苦。
手腳要像這樣……
你看！
總算會游泳了。
什麼嘛～這麼簡單啊！
哈哈哈
小心點！你的肺活量是平常人的一千倍。
要小心點呼吸。
※噗通

可以請大家過來玩了。
※吸～
剩下的房間給我打掃。
※大口呼氣
※呼
喔～好涼快的風。
游泳池？
現在不想游了！
我好不容易才學會游泳的耶!!
我們馬上去。

人體工廠探測燈Q&A

Q 體重六十公斤的成人全身血液收集起來，可以裝滿十公升的水桶。這是真的嗎？

我沒說謊吧!
我已經會游了。
差不多該上來了。
大家也都回去了。
還沒呢!我游得正起勁……
吃飯了,快上來吃飯啦!
哈啾!!
看吧,果然感冒了吧!

A

假的。血液約占體重的百分之八。一個體重六十公斤的成人,血液大約有五公升。

人類呼吸是爲了燃燒？

●火焰燃燒時會使用氧氣，排出二氧化碳。

●人類為了燃燒體內能量，必須使用氧氣，排出二氧化碳。

沒有氧氣，就無法燃燒體內的能量！

人類在不經意時，總會忘了自己正在呼吸。呼吸對於人類來說就是這麼自然的事情。所以把臉探進水裡游泳卻無法呼吸時，就會不自覺的跟大雄一樣驚慌。

但是，人為什麼要呼吸呢？

燃燒物體時需要氧氣，並且會排出二氧化碳，一旦少了氧氣，火就會熄滅。各位或許也做過類似的實驗。

同樣情況也發生在人類的體內。上一章曾經說過，身體攝取的醣類物質會變成驅動人體的能量；但是光有醣，身體仍舊無法活動。人類利用呼吸，吸收空氣中的氧氣，才能夠像火焰燃燒物體一樣，使用氧氣燃燒醣，變成驅動身體的能量。不過人體裡並沒有真的起火。

人類呼氣時會將二氧化碳排出體外。這個二氧化碳是身體所需的醣燃燒之後，所產生的氣體。

藉由收縮、舒張分隔胸腔與腹部的橫膈膜呼吸

人類的胸腔有個稱為肺臟的器官。人類呼吸時，空氣會進出肺臟。在肺臟底下（靠近肚子的地方）有個在體內隔開胸腔與肚子的橫膈膜，只要這個橫膈膜與胸腔肋骨間的肌肉一活動，肺臟就會擴張或收縮，人類就能夠呼吸。

特別專欄

吐出的氣息之中也含有氧氣

人類呼吸時，沒有將空氣中所含的氧氣全部用完。空氣中的氧氣濃度約是21%。吐出的氣息中仍含有 15% ～ 18% 左右的氧氣，因此人類可以利用吐氣的方式進行人工呼吸。

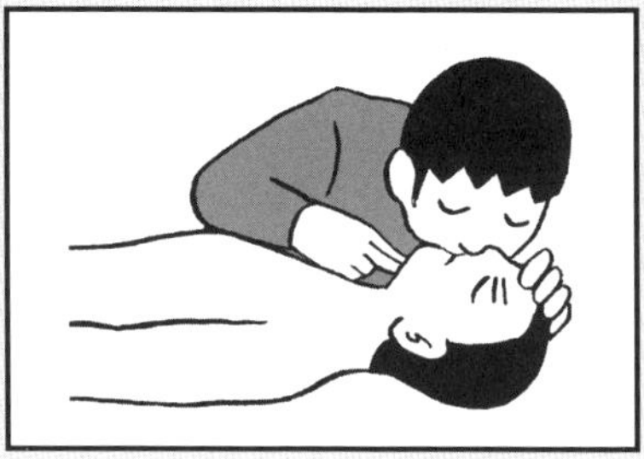

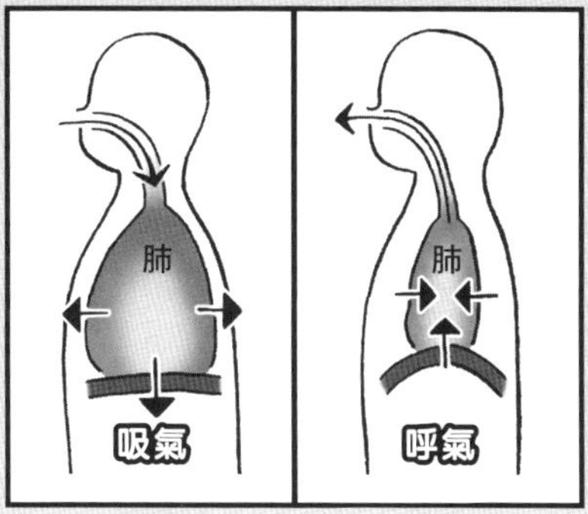

從口、鼻進入的空氣，會進入肺臟裡長得像迷你葡萄串一樣的袋子裡，這個袋子叫做「肺泡」。肺泡旁邊有微血管，肺泡與血管之間不斷交換氧氣與二氧化碳。肺泡整個展開的話，大約有十公尺乘以十公尺的大小。

人體一吸入異物，就會打噴嚏將之排出

人類為什麼會咳嗽或打噴嚏？人類呼吸的空氣送進肺臟之前，會先經過鼻子內側的黏膜等替空氣加溫、加溼、過濾垃圾。打噴嚏是因為身體想要把鼻黏膜抓住的垃圾排出體外。所以鼻子也具有淨化進入肺臟空氣的功能。

但是，嘴巴沒有能力加溫、淨化空氣，用嘴巴呼吸的話，很可能會一併吸進垃圾，因此有人建議最好改掉用嘴巴呼吸的習慣。

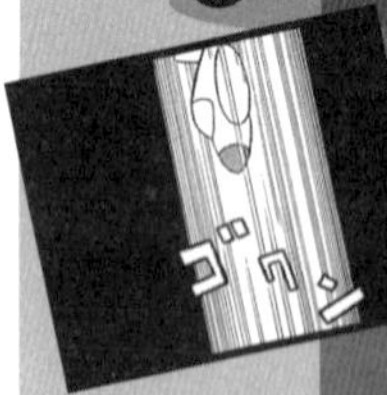

血管是體內的交通網，血液是送貨卡車？

將全身血管連成一條的話，可以繞地球兩圈

能夠把小腸吸收的食物營養、肺臟吸收的氧氣等運送到全身的就是「血液」，而負責送出血液的則是心臟。距離心臟越遠，血管分枝越細，最後變成像毛一樣細的微血管，與身體各角落的細胞連結。如果將一個人身上的所有血管連成一條的話，約有九萬公里長，約等於繞地球兩圈的長度。

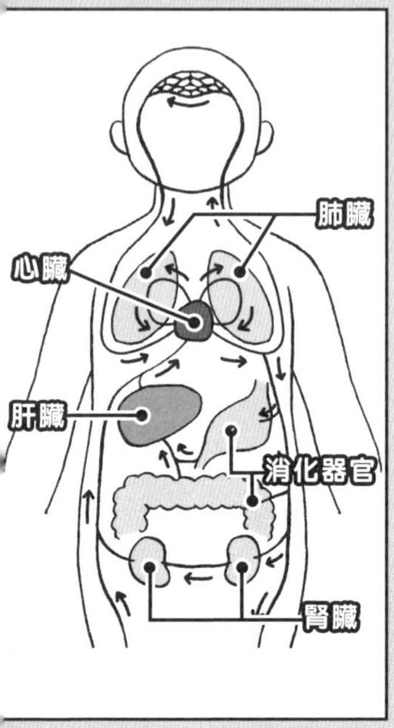

特別專欄

人類血液呈現微紅色是因爲含有鐵

人類的血液為了運送氧氣，因此含有稱為「血紅蛋白」的含鐵蛋白質。血液的紅色就是這個血紅蛋白的顏色。章魚、蝦、蟹的血液呈現藍色，是因為牠們的血液含銅，藍色就是銅的顏色。

血液運送氧氣和營養，帶走廢物

血液，除了運送身體細胞所需要的營養外，它還負責運送能幫助燃燒，產生能量的氧氣。另外，身體裡不需要的、必須丟棄的廢物，也會透過血液運送出去。各位可參考上圖，了解血液的流動與作用。

血液通過肺臟，接收氧氣後回到心臟，再由心臟送至全身每個角落。

部分血液在半路上經過消化器官，會接收小腸等吸收的營養。收下營養的血液接下來要前往的是肝臟。肝臟能夠將吸收的營養，轉換成體內細胞可使用的形式，再度交由血液運送出去。

關於腎臟的部分，將在下一頁說明。

保護身體遠離細菌的淋巴系統

在體內流動的液體不是只有血液，最具代表性的還有「淋巴液」。

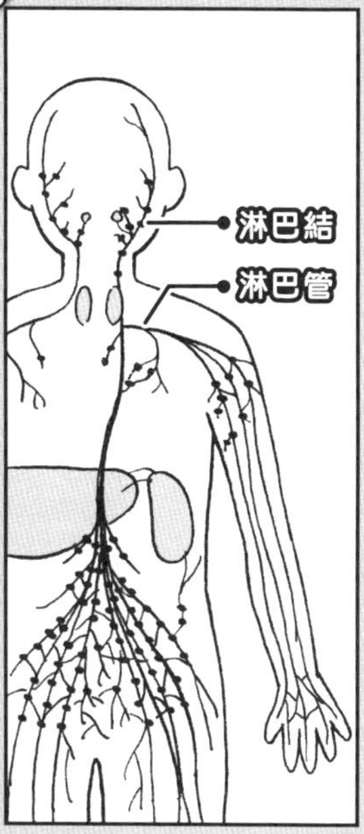
淋巴結
淋巴管

淋巴液從每個角落流向身體中心，任務是負責搬運太大、無法進入微血管的脂肪等。從全身各處集結而來的淋巴液，最後會在大血管裡會合，回到心臟。

淋巴液流動的淋巴管上有突起的淋巴結，這是保護身體遠離病原體等的閘道口。感冒時，下巴根部等地方會出現腫塊，就是這個淋巴結腫脹的關係。

可在千鈞一髮之際驅動身體荷爾蒙的神奇力量

荷爾蒙（或是稱為激素）也是透過血液被送到身體各處。但是荷爾蒙只會對體內某個器官產生反應，並且只有在被送到該器官時才會產生作用。

比方說，腎上腺素這種荷爾蒙能夠強化心臟活動，幫助身體做好戰鬥或逃跑的準備。

吼吼吼
要逃還是要打！

尿液是由血液製造出來的？

腎臟負責過濾血液中需要與不需要的物質

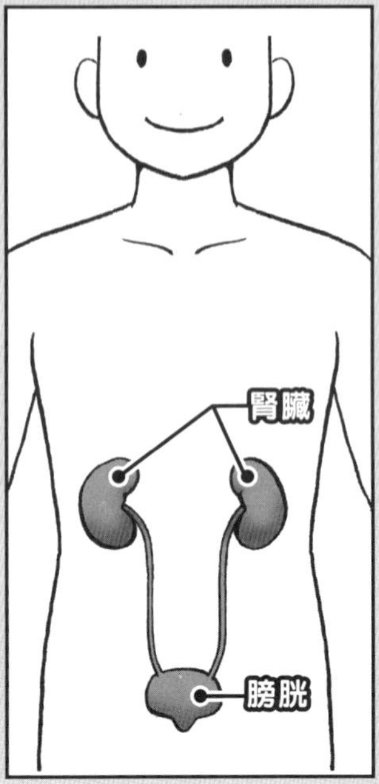

心臟送出的血液有四分之一會流到腎臟。腎臟是血液的過濾裝置。

人體有百分之六十是水。這些水如果遭到汙染的話，人類就無法生存。循環全身的血液會從身體各個角落帶走不需要的東西，也就是垃圾。而腎臟的作用就是將這些垃圾排出體外清理掉。排出來的東西就是尿液。

腎臟過濾血液，製造尿液原料時，血液與尿液會在血管與尿液流動的管子之間頻頻來回。腎臟則會趁著這段期間，將不小心混入尿液原料中，對人體有益的水分和葡萄糖等物質撿回來，確保準確無誤的丟掉留在血液裡的尿素等垃圾。假如腎臟無法過濾並丟掉血液收集回來的體內垃圾，人很快就會生病了。

特別專欄

一天的尿液大約有一個汽油桶那麼多！

腎臟最初過濾出來的尿液原料（過濾液），每天約有一百五十至一百八十公升。假如這些全都排出體外的話，人類會需要補充非常多的水分，因此幾乎大部分的水分都會再度回到血液裡。

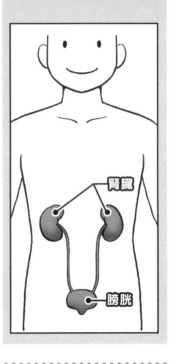

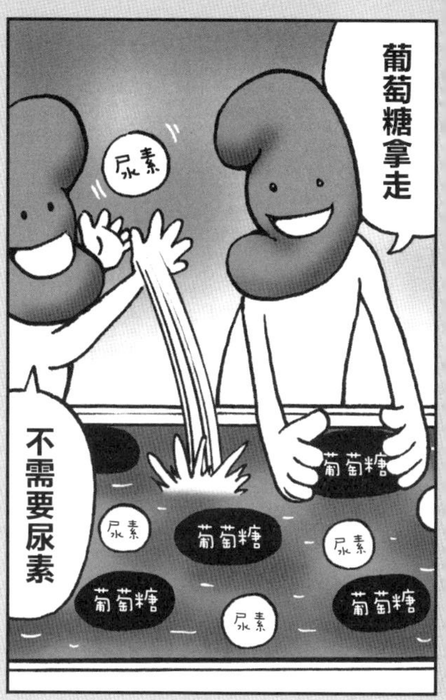
葡萄糖拿走
不需要尿素
尿素
葡萄糖

一天的喝水量約二點五公升，尿液約一點五公升，中間的差是……

人類每天大約需要二點五公升的水分，但是小便排出的量卻大約只有一點五公升，剩下的一公升到哪裡去了呢？

答案是變成汗水、呼吸、糞便的水分排出體外了。

其中，汗水與尿液一樣都是由血液形成，不過成分相差甚遠。汗水分為冷卻身體的汗水，以及造成體味的汗水兩種。冷卻身體的汗水有百分之九十九都是水分，剩餘的幾乎都是鹽分。

另一方面，尿液則有百分之九十五是水分，剩下的是尿素等物質。

順便補充一點，夏天如果老是待在冷氣很強的房間裡，人體的流汗功能會衰退。身體偶而也必須流流汗才好。

呼吸＋汗水
＝0.9 公升
糞便
0.1 公升

膀胱裡累積了多少尿液，才會想去上廁所呢？

血液經過腎臟過濾，最後形成尿液，會累積在膀胱裡。

膀胱是肌肉構成的袋子，容量大約是一公升（註：等於一千毫升），不過只要累積到兩百至兩百五十毫升時，膀胱就會發訊號給大腦，讓人想要去上廁所。

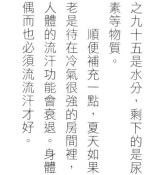

肌肉控制器

我來接，我來接。
※噗通
大雄，你來撿。
為什麼要我撿？
喂，別給我慢吞吞的！
因為你根本不會打棒球，至少這種小地方也該幫一下忙吧！
快點，快點！
嗚哇——

※打擊
カキン
※碰
ガッ
嗚哇，好可怕的高中生……
大雄，去把球撿回來！
我嗎!?
不要，一定會被揍的。
只要好好跟他道個歉就沒事了。
你是想被那傢伙揍，還是被我踹啊？
你好～
真是非常抱歉……
真不甘心。
每次都叫我做那些沒人想做的工作。
嗚哇～
又被欺負啦？

Q 為了保護重要的大腦，人類的頭蓋骨從出生時就完全包覆腦部。這是真的嗎？

A 假的。剛出生的小嬰兒頭蓋骨有很大的縫隙，因為生產的過程，頭部會配合母親陰道的形狀被壓扁。

是你不好，每次都照他們的話去做。
要是不想做，就要清楚明白的拒絕啊！
唉……跟你說這麼多也沒用。
沒錯！跟我說太多是沒用的。
「肌肉控制器」，
以及「收訊器發射槍」。
這個可以讓你隨心所欲控制別人的肌肉。
比方說，我從這裡揮手，這個動作會讓控制器發出訊號，傳達到對方的神經……
跟你說這麼難懂的話，你也聽不懂吧？
沒錯！我不會懂的。
我示範給你看。
プチ
你幹嘛射我啦。

※ 噗嘰

※停住
※啪嘰
ピタ
パチ
一、二、三、四。
一、二、三、四。
嘿咻！嘿咻！
嘿咻，嘿咻。
大雄真是沒用的傢伙啊。
大雄真是沒用的傢伙啊。
※啪嘰
パチ
測試結束。
你幹嘛讓我說這些話啊！
當對方要你去做不想做的事時，你只要反過來控制他就行了。
現在馬上去控制他。
你可別隨便亂用喔。

人體工廠探測燈Q&A

Q 人體肌肉之中最強的是哪裡的肌肉？這裡不提供提示，請各位想想看。

A

最強的是咀嚼食物使用的下巴肌肉。不過，張嘴時不太用到肌肉，而是靠重力。

※ 噗嘰
好像有東西打中我的脖子……
這樣就準備好了。
先來啟動小夫的收訊器。
胖虎這個大笨蛋。
胖虎這個大笨蛋。
!?
你剛剛說什麼？
嗯，這個好用。

接著換胖虎。
※停住
ピタ
噗！噗！
我是一隻豬。
我是一隻豬，怎麼樣？像吧？
※豬叫聲
ブゥ ブゥ
哇，真的好像!!
那是你自己說的耶。
兩人一起快樂跳芭蕾吧。
來吧！衝啊!!
※碰
ビタン

人體工廠探測燈Q&A

Q

人體肌肉之中，活動最頻繁的是哪裡的肌肉？這裡不提供提示，請各位想想看。

A 活動眼睛的眼球肌肉。據說一天會活動十萬次，但幾乎都是在睡覺作夢時。

啊啊，我的球……
ポチャ
我幫你撿。
往水溝前進！
※噗通
ドブーン
哇！
※噗咚
你在幹嘛啊？
?
?
?

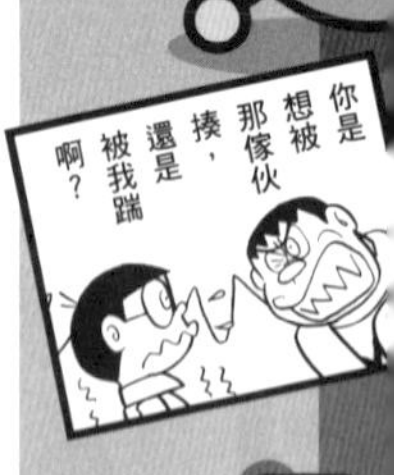
你是想被那傢伙揍，還是被我踹啊？

硬梆梆的骨頭也會長大變形？

成人的骨頭有兩百零六塊，孩童的骨頭超過三百五十塊

漫畫裡的肌肉控制器是控制肌肉、自由操控人類的祕密道具，不過驅動人類身體還有另外一個重要工具，就是「骨頭」。

骨頭能夠留下形成化石，因此給人的印象就是強韌堅硬。但是骨頭也會配合成長逐漸改變形狀，最具代表性的例子就是成人與兒童的骨頭數目不同。剛出生的嬰兒有超過三百五十塊的骨頭，但是一般成人全身的骨頭卻只有兩百零六塊，而且成人的骨頭數量並非每個人都一樣。如上圖所示，兒童的骨頭在小時候分得很細，隨著年齡增長，這些小骨頭會整合成一塊，這種整合方式就會造成每個人的骨頭數量不同。其中最驚人的是「尾巴」的骨頭數量。那段骨頭稱為尾骨，是人類由猿類演化而來留下的產物，不過每個人的尾骨數量不盡相同。

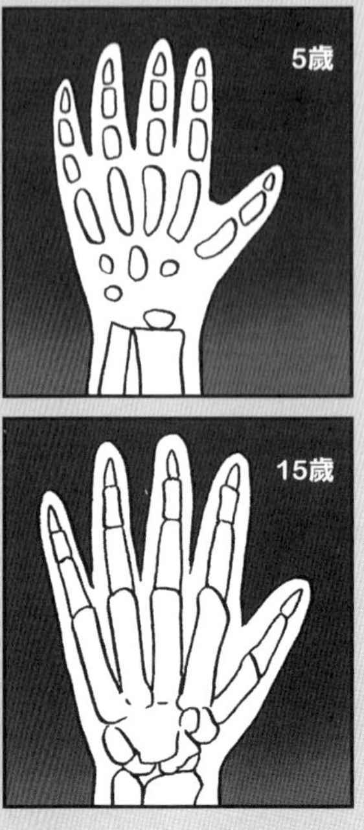
5歲
15歲

特別專欄

骨折之後，骨頭會變更強壯，真的嗎？

有傳聞說，骨頭折斷後會變得更粗更強壯。這是騙人的。骨折之後，骨頭為了接合，會在四周形成假骨頭，因此在X光片上看起來，骨頭彷彿變粗了。事實上骨頭最後還是會恢復成與四周其他骨頭一樣的粗細。

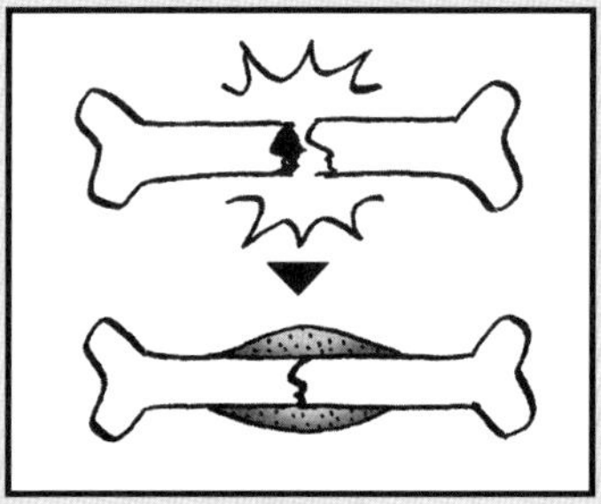

骨頭是中空的，因此輕盈又強韌！

骨頭的作用是支撐身體、保護臟器，因此十分重要。骨頭外層堅硬牢固，但不是只要夠強健，多重都沒關係。骨頭如果太重的話，移動身體會很辛苦，因此骨頭的內部是中空的，符合又輕又強健的困難條件。

全身骨頭的平均重量是六到九公斤，儘管輕盈，不過中空的骨頭似乎讓人覺得不太可靠。

但是，同樣重量的物體，中空管狀的強度其實比實心強上兩倍。

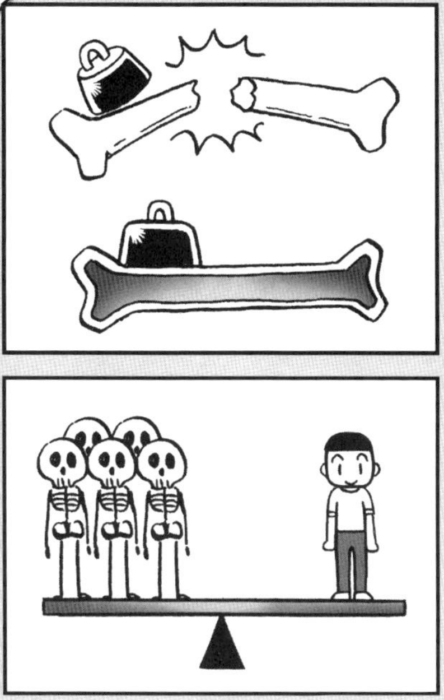

骨頭製造血液，囤積鈣質！

骨頭還有另外一個很重要的角色，就是製造血液、囤積鈣質。

骨頭雖是中空，不過中央並非完全空心，裡面有骨髓。骨髓能夠製造血液。骨髓的造血能力在兒童時期最強，幼兒全身的骨頭都在製造血液，不過長大後，這項功能就會衰退。

鈣質是人體必須的礦物質之一，是驅動肌肉以及神經傳遞資訊時所不可或缺的物質，不過人體無法自行製造鈣質，必須從食物中攝取，也為了隨時取用方便，所以把鈣質囤積在骨頭裡，必要時就會將它送進血管。

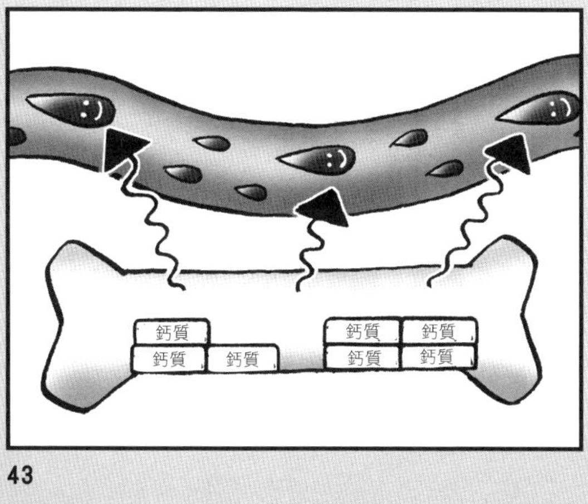

身體活動是骨頭和肌肉的團隊合作？

肌肉一收縮，就能夠活動連接骨頭的關節！

橢圓關節	球狀關節	樞紐關節
手腕等處的關節，可前後左右活動，但無法扭轉。	肩膀等處的關節，可上下左右前後旋轉、自由活動。	手肘等處的關節，僅可以單向彎曲、伸直。

人體如果只靠骨頭支撐的話會無法行動。身體是靠附著在骨頭上的肌肉扯動骨頭，才得以活動。

全身上下除了有許多的骨頭，還有連接骨頭、幫助其活動的部分，就稱為「關節」。關節決定活動的方式，最具代表性的關節如上表所示。

另外，幫助身體活動的肌肉兩端有白色的肌腱，肌腱可連接不同的骨頭。

肌肉只會收縮，肌肉一收縮，就會拉扯肌腱連接的骨頭，彎曲關節。彎曲的關節要恢復原狀時，必須要靠另一條肌肉反向拉扯。

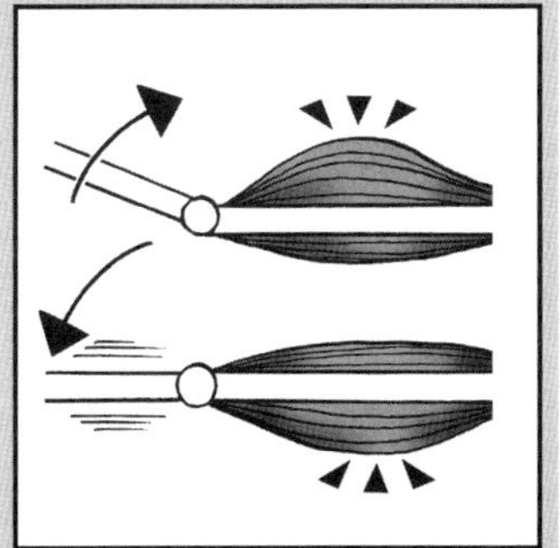

肌肉分爲人類可自由活動的類型，以及會自行活動的類型

肌肉並非只能夠以各位眼睛看到的形式活動身體。舉例來說，將食物與胃液混合、暫存食物的胃，就是肌肉製成的袋子。各位或許有些難以置信，因為我們很難想像要如何操控自己的胃、讓它活動。胃真的是肌肉製成的嗎？

其實肌肉包括人類能夠按照自己的意思使它動起來的

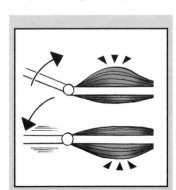

▲心臟肌肉稱為心肌。同時擁有隨意肌與不隨意肌的特性。

▲在人類沒有意識到的情況下也會自行活動的肌肉，稱為不隨意肌（平滑肌）。

▲能夠按照人類自己的意思活動的肌肉稱為隨意肌（橫紋肌）。

肌肉，以及人類不用想也可自行活動的肌肉。

能夠按照個人想法活動的肌肉，稱為「隨意肌」。仔細觀察這個肌肉，你會看到構成肌肉的細小纖維就像條紋一樣，所以也稱為橫紋肌。

隨意肌能夠靠訓練形成。每個人的肌肉纖維數量大致上都一樣，不過經過訓練後，纖維就會變粗，變得強而有力。

相反的，無法靠自己的想法活動的肌肉稱為「不隨意肌」，胃、腸、血管、氣管、膀胱等都是由這個肌肉構成。相對於橫紋肌，這種肌肉亦可稱為平滑肌。雖然無法靠人類的想法活動，不過它能夠在你睡覺的時候持續活動，自動進行重要的工作，幫助人類活下去。

構成心臟的肌肉，也就是「心肌」，屬於人類無法控制的不隨意肌，不過它就像隨意肌一樣耐用，等於同時兼具雙方的特性。

特別專欄

利用流經身體的電流測量體脂！

電流幾乎無法通過體內的脂肪，不過可以輕易通過肌肉和水分。將少量的電流送進體內，測量流出來的電流量，就能夠知道體內的脂肪含量。

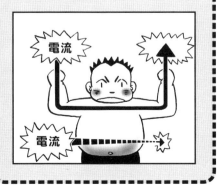

好像有東西
打中我的
脖子……

皮膚雖薄，卻有很強的防護能力！

無論冷、熱或是紫外線全部遮蔽

皮膚的厚度是一至四公釐。如果將皮膚剝下來，成人的皮膚面積大約是一點六平方公尺，也就是只有一張榻榻米這麼大，不過重量約有五公斤，出乎意料之外的重。這也許是因為皮膚儘管單薄，卻擁有許多能夠充分保護身體的構造。

脂肪
熱
麥拉寧色素
雞皮疙瘩
汗水

天熱時，皮膚裡的許多血管會擴張，讓體內的熱排出體外。如果還是覺得熱的話，就會流汗冷卻身體。陽光如果很強烈，皮膚就會產生麥拉寧色素，避免有害的紫外線進入體內，所以人會晒黑。

相反的，天冷時，血管會收縮，防止熱跑掉。血管收縮時會拉扯皮膚，因此會產生雞皮疙瘩。皮膚底下的皮下脂肪也能夠有效禦寒。另外，皮膚經常產生新細胞，即使受傷也會長出新的細胞代替，幫助保護身體。

特別專欄

房間裡的細小塵埃，是脫落的皮膚！

皮膚最底層經常在製造新細胞，因此會產生許多老舊、變硬後脫落的細胞。其數量是每人每天約一百億個，因此房間裡細小的塵埃其實幾乎都是皮膚碎屑。

一天一百億個！

人類的頭髮與指甲等於鳥類的羽毛和恐龍的角？

乍看之下，頭髮很柔軟，指甲很堅硬，不過兩者都是由表皮，也就是皮膚的表面演變而來。

皮膚最底層會產生新細胞，而且會在剝落之前先變硬，稱為角質。毛髮和指甲就是由這個皮膚角質所形成的。角質會變成各種形狀，例如鳥類的羽毛、豪豬的刺、犀牛的角，據說就連恐龍的角也是角質所形成的。

話說回來，人類只會在頭部等極少數部位長毛髮。就連黑猩猩這類近似人類的動物，也是渾身上下毛髮密布。再看看其他哺乳類，體毛像人類這麼少的生物相當罕見。不過人類的體毛為什麼這麼稀薄？其實還沒有找出答案，但是僅有的這些毛髮均肩負著重要的任務。比方說，眉毛和睫毛就是用來防止強光和異物進入眼睛。

指甲是死亡的細胞，沒有神經也沒有血管。這就是指甲剪掉我們也不會覺得痛的原因。此外，指甲還有助於讓手指的感覺更敏銳。如果指甲剝落的話，手指的知覺就會變得較遲鈍喔！

指甲一天生長的速度大約是零點一公釐。指甲根部呈現白色，表示尚未完全變成角質。

特別專欄

長得最快的毛髮是男性下巴上的鬍子？

頭髮生長的速度是一天 0.33 公釐，鬍子是一天 0.38 公釐，因此有人說全身上下生長最快的毛髮是男性下巴上的鬍子。不過每個人的毛髮生長速度不同，覺得下巴鬍子長得很快，或許只是因為鬍子不刮就會很明顯的緣故。

特別專欄

指甲的紋路是生病所造成？

觀察指甲也能夠了解健康狀況。出現橫線表示指甲曾經因為生病而停止生長。飲食中的鐵質攝取不足時，指甲就會往上翻，變成湯匙的形狀。

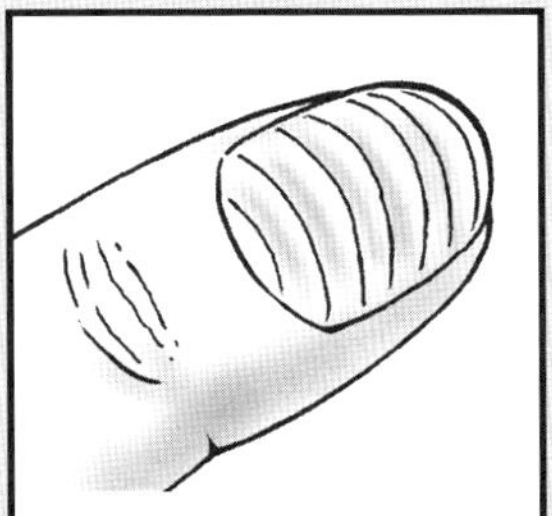

感覺接收器

你要去哪裡啊？
沒有啊……
媽媽叫我去幫她買東西。
是嗎…
好像不太對勁。
※跳躍
ポイ
我走了。
對不起我來晚了。
只有你一個人來嗎？哆啦A夢呢？

哆啦A夢說他很忙。
那就沒辦法了。
好不容易才能跟靜香獨處，哆啦A夢來的話，不就成了電燈泡。
咦？我媽媽打電話找我？
沒有寫作業也敢給我跑出去玩!!
媽媽怎麼會知道我在靜香家呢？
我馬上寫。
幫媽媽跑腿還開心嗎？

人體工廠探測燈Q&A

Q 人類對於氣味會養成習慣，老是聞相同的味道就會漸漸感覺不到那個味道。這是真的嗎？

你在胡說什麼？幫媽媽跑腿怎麼可能會開心啊？
漫畫、點心、遊戲……
你怎麼會知道!?
「感覺接收器」。
你摸摸看自己的脖子後面。
咦？好像有東西黏在上面。
那是「感覺傳送天線」。
你所看到、聽到、碰到和嚐到的感覺，都會透過這個天線，傳回接收器……
只要戴上這個，不管我看到、聽到、碰到或嚐到什麼，你也會有相同的感覺。
？
戴上去看看。

A 真的。因為人類會習慣經常聞到的味道，因此介意別人體味的人，幾乎不會注意到自己也有體味。

把傳送天線裝在我身上…
喔……
好像看到什麼了!!
是走廊!!
轉彎之後下樓梯。
原來如此！現在哆啦A夢看到的東西，我也看得見。
感覺就像我自己在走路一樣。
走進廚房後打開櫥櫃…
拿出蛋糕!!
啊！甜味在我嘴裡擴散開了…
怎麼樣？這道具很棒吧！
棒透了。

人體工廠探測燈Q&A

Q 人類舌頭上感覺味道的位置是固定的；舌尖是甜味，舌頭後側是苦味。這是真的嗎？

A 假的。只要是有「味蕾」細胞的地方，無論是舌頭的哪個位置都能夠感覺出多種味道。

這裡有一打傳送天線，接收器的按鈕也有十二個。
也就是說，只要你事先在所有人身上裝好傳送天線，就能窺視到十二個人的世界了。
不過，這會給被偷看的人帶來困擾，我還是收起來好了。
是誰把蛋糕吃掉了？那是要請客人吃的耶！
馬上去給我買回來!!
我去找十二個人，裝上傳送天線。
靜香。
沒什麼事啦，只是想看看妳……
ポイ
※丟

※丟
ポイ
ポイ
※丟
ポイ
還剩最後一個。
隨便找個人好了。
※丟
ポイ
那就來看看吧！
パチ
※啪嘰
第一個按鈕是誰呢？
出木杉正在寫作業。
這樣我就知道所有答案了。
真是太感謝了。
※啪嘰
パチ
接著換下一個。

人體工廠探測燈Q&A

Q 暈眩和起立暈眩是同樣情況，只是稱呼不同。這是真的嗎？

A 假的。暈眩是神經引起的問題，起立暈眩則是腦部一時血液不足所引起。

這是小夫看到的胖虎背影……
瞧他走的跩樣。
喔！
哈哈哈。
你竟敢笑我！
痛死我了!!
趕快轉換成胖虎！
小夫正在逃跑。
胖虎在後面緊追不捨。
快！再加把勁就追到了!!

好痛好痛……
?
?
?
下一個……
正在看漫畫。
好像很有趣。
我的電話？
可以從頭開始看嗎？
下一個是誰呢？
啊！浴室…
這肯定是靜香啦。
開始洗身體了。
哇～觸感又滑又輕，好癢喔。
這樣對靜香沒禮貌，換下一個好了。
又隨便亂用了!!
今天絕對饒不了他!!

人體工廠探測燈Q&A

Q 手觸碰物體多久之後，腦才會察覺？①一瞬間 ②百分之一秒 ③十分之一秒

A ③十分之一秒。手指感受刺激，轉換成電流訊號，透過神經傳達到腦大約需要這麼久的時間。是否比你想像中更久呢？

哇啊！
好難受，快救救我!!
ゴボ
ゴボ
※咕嚕咕嚕
發生什麼事了？
有小孩子在河川溺水了！
這下又沒辦法罵他了。

原來如此！
現在
哆啦A夢
看到的東西，
我也看得見。

投射在視網膜上的影像是反的，腦會幫忙轉正。

將右眼和左眼各自看到的影像組合在一起，就會變成立體影像

腦收集來自體外的各種資訊。當中以眼睛傳送到腦的資訊最多。

各位能夠看到外頭的景色，靠的是物體反射光線，刺激眼睛後側的視網膜。身體固然會接收到各種不同的刺激，不過眼睛的視網膜所收到的刺激大約占了當中的百分之七十五。

人類能夠看見立體的東西，是因為左眼和右眼從不同角度看著同一件物品。右眼看到的是物體的右側，左眼看到的是物體的左側。這個略微不同的訊號送進腦裡後，腦就能夠感受到該物體是立體的，進而能夠知道距離該物體有多遠。

人類的眼睛位在臉部正面，因此使用兩隻眼睛看東西，能夠捕捉到物體的立體感。像牛或馬等眼睛長在臉部側面的動物，雖然不用轉動頭部也能看見背後的情況，不過很難準確判斷距離的遠近。

特別專欄

人類的眼睛顏色是眼睛肌肉的顏色？

東方人的眼睛顏色幾乎都是褐色，但是世界上也有人的眼睛是藍色或綠色。眼睛的顏色其實是控制進入眼睛光線多寡的「虹膜」的顏色。虹膜是人體肌肉中色彩最繽紛的肌肉。

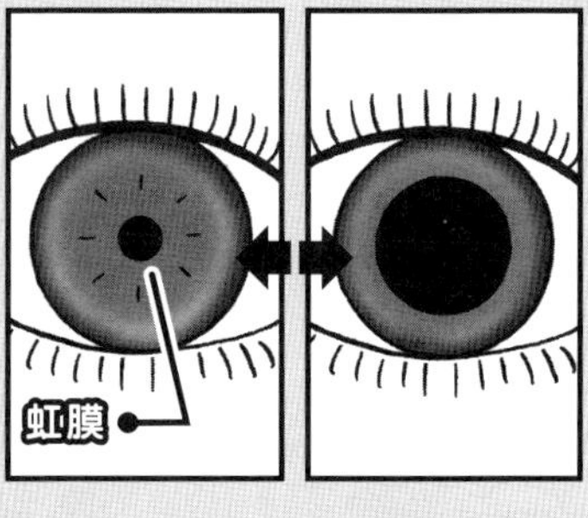
虹膜

※推

耳朵裡的小骨頭會用力傳達空氣的振動

耳朵負責的任務大致可分為兩項，一個當然是聽聲音，另一個則是保持身體平衡。這裡主要介紹的是聽聲音的功能。

聲音是空氣或水等的振動。一講到耳朵，各位想到的一定是位在臉部左右兩側、一般所謂的「耳朵」。這個「耳朵」就是負責收集振動的天線。

耳孔深處有耳膜。耳膜是由三個非常小的骨頭連接而成，這三塊小骨頭分別是鎚骨（或槌骨）、砧骨、鐙骨。鐙骨只有一顆米粒的大小，是人體最小的骨頭。這三塊骨頭能夠將耳膜感受到的微弱振動變成巨大振動，繼續傳遞至耳朵深處。接觸到耳膜的空氣振動最多能夠放大至二十倍左右，並且傳遞到耳朵最深處的耳蝸。

耳蝸是長得像蝸牛的螺旋狀器官，振動會在這裡轉換成電流訊號傳送到腦。

於是，各位就能將空氣中的微幅震動，透過腦轉化成聲音了。

特別專欄

利用耳朵裡的細毛可以知道身體的動向

內耳裡的耳蝸、三半規管和聽斑（或稱位覺斑）作用是負責感覺身體活動。下圖是人類感覺自己在旋轉的原理。位在中央的是感覺細胞，四周充滿淋巴液。身體一旋轉，淋巴液就會跟著移動，感覺細胞上的細毛也會順著淋巴液流動的方向移動，這個動態就成了訊號傳送到腦，聽斑就能夠感覺身體的傾斜。

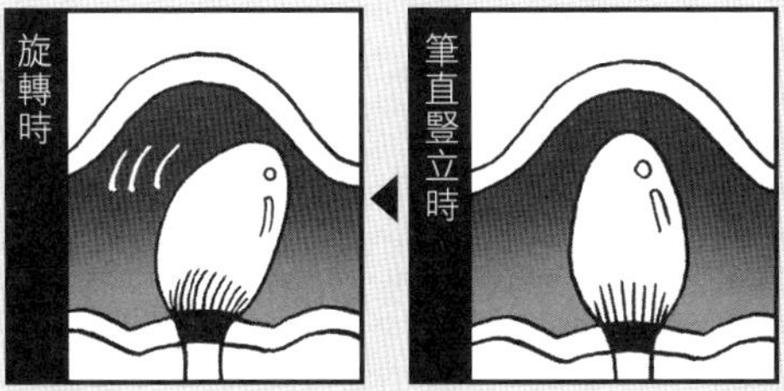

我們如何知道身體外面的事？鼻子、舌頭、皮膚篇

啊！甜味在我嘴裡擴散開了……

五感之中功能最早開發的是鼻子？

能夠察覺遠處物體的是視覺、聽覺、嗅覺這三種感覺，動物最早發達的能力據說是嗅覺。另外，腦中能夠感覺味道的區域，與掌管記憶和情感的區域相互連結，因此一聞到花香就會想起小時候玩耍的花田。嗅覺較容易與人類的記憶相連。

能夠感覺討厭的味道是爲了保護自己

人類的舌頭上有可以感覺到甜味、鹹味、酸味、苦味和鮮味這五種味道的細胞。討厭苦味是個人喜好問題，不過為什麼人可以感覺到苦味這類不討喜的味道呢？答案是因為如果人類感覺不到討厭的味道，恐怕會不小心誤食危險的東西。為了保護自己，因此人類必須擁有可以感覺討厭味道的能力。

人類的皮膚只能夠感受到五種刺激

人類的皮膚能夠感覺到熱、冷、振動、壓力，以及疼痛這五種刺激。振動和壓力的感覺也包括以手觸摸等的觸覺。皮膚裡存在能夠感覺各種刺激的感覺受器。

但是，人體卻沒有可以感覺呵癢的癢與蚊蟲叮咬的癢這類的感覺受器。既然如此，為什麼我們被人一呵癢就會笑出來呢？事實上容易感覺搔癢的腋下、腳底等地方有許多痛覺的感覺受器，輕輕觸碰這些地方就會覺得癢，表示人類對於輕微痛覺的感受是「癢」。

特別專欄

皮膚之中最敏感的部位是手和嘴唇

人體並非各個位置的感覺都一樣，感覺受器越多的地方就會越敏感。人體之中感覺受器最多的地方是嘴唇、指尖、手掌等。相反的，感覺受器較少的部位則是背部、手肘、大腿等地方。

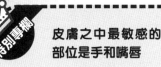

我們如何知道自己看見、摸到的是什麼東西？

神經是遍布全身的情報網

人類會將透過感覺取得的資訊，送到源頭進行判斷，再發出移動身體的指示。負責交流這些資訊的是神經。人類的神經大致上可分為由腦和脊髓構成的中樞神經，以及位在身體各部位的末梢神經。末梢神經可以進一步分成傳遞感覺資訊及驅動身體的腦脊髓神經系統，以及促使心臟與內臟等自主活動的自律神經系統。

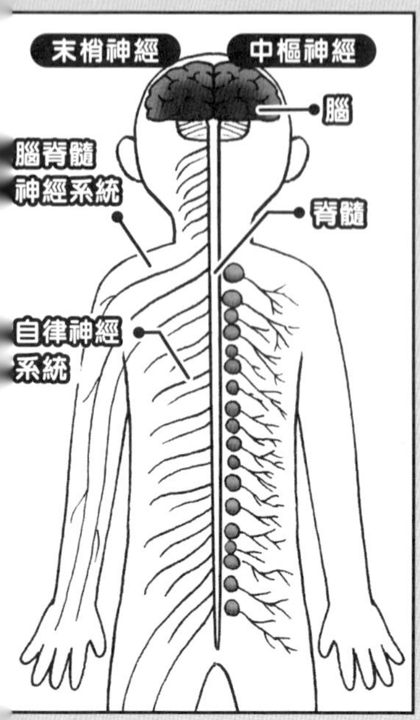

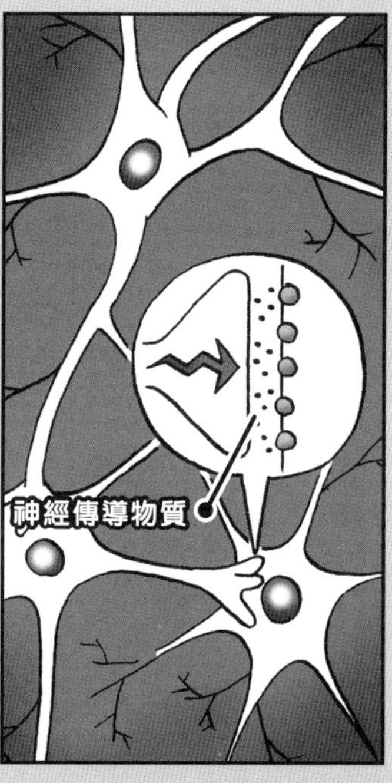

利用腎上腺素、多巴胺傳遞資訊

神經是由稱為神經元的細胞伸出觸角，連接在一起所形成的網絡。神經元利用電流訊號傳送接收到的資訊，不過神經元和神經元之間有空隙，電流訊號無法到達，因此在接縫上會產生神經傳導物質協助傳遞資訊。腎上腺素和多巴胺就是神經傳導物質的一種。

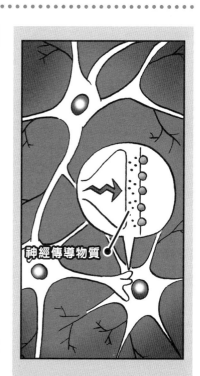

有時緊急移動身體的不是腦，而是脊髓

從身體各部位取得的訊號，會透過神經傳送到腦，腦進行分析之後，就會做出必要的反應，發出移動身體的訊號。然而有些場合，例如：手伸進燃燒的火裡等情況，沒有時間思考，必須快速移動身體，這種時候運用到的就會是反射神經。

在熱、冷、痛等有害人體的資訊訊號送達腦之前，脊髓就會先一步發出指令、驅動身體立刻做出反應。所以人體內部也有處理緊急情況的資訊傳送機制。

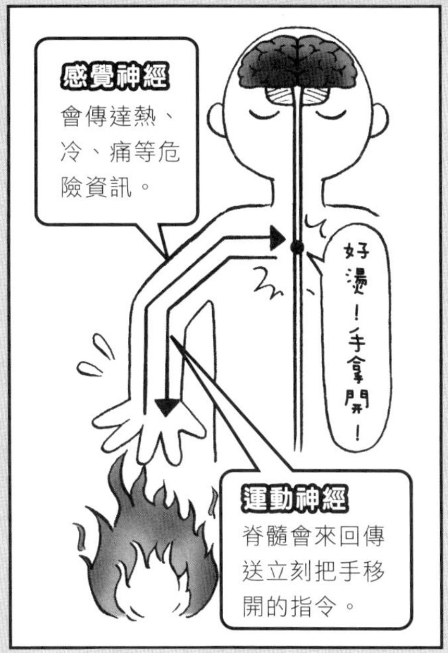
感覺神經
會傳達熱、冷、痛等危險資訊。
好燙！手拿開！
運動神經
脊髓會來回傳送立刻把手移開的指令。

腳麻是因爲神經訊號出錯了

神經並非總是傳送正確的訊號。比方說，跪坐時會覺得腳麻，我們來看看這是什麼原因。

人體一旦採取跪坐姿勢，臀部底下的血管會感受到壓迫，使得血液無法順利通過，神經細胞也會因為得不到足夠的氧氣和營養而無法運作，因而無法傳送訊號，或是會傳送錯誤訊號，讓你感覺到腳麻。

好麻！
痛痛痛
血液沒有過來，訊號無法送達～

德古拉道具組

深夜的街道中，
出現一隻
邪惡的蝙蝠……
他就是吸血鬼．
德古拉伯爵的
化身。
伯爵露出他
尖銳的牙齒，
往脖子大口
咬去……
哇啊!!
救命
啊!!

你們看，他就在大雄後面。
別說了，好可怕。
啊哈哈哈哈哈哈。
所以……
你就沒穿鞋子跑回家囉？
真丟臉耶……
都是小夫說得太嚇人了。
謝謝，麻煩妳了。
呵呵……
連靜香都在笑我。
不論誰聽到都會笑啦。
哆啦A夢……
起來啦，哆啦A夢。

人體工廠探測燈 Q&A

Q 把人腦的皺摺拉平的話大概有多寬？

① 教科書的大小

② 報紙的大小

③ 一塊榻榻米的大小

A
②報紙的大小。腦是摺疊著、充滿皺摺的狀態，因此才能裝進小小的頭蓋骨底下。

※咚咚
快起來!!
深夜叫我起來做什麼啦!?
我想要上廁所，
陪我去。
你都幾歲啦？
我忘不掉小夫說的故事…
還有德古拉伯爵的臉，一直在我腦中…
你要拿什麼出來…
「德古拉道具組」的披風和尖牙。
披上這個之後…
哆啦A夢，你想做什麼？
※吼
就可以變身成德古拉伯爵了。
救命啊!!

※跌倒
ドタッチュ
……
……
……
嘿嘿嘿……
這麼晚了在吵什麼？
嗯……什麼事呢……
對了！我要去上廁所。
？
總覺得我好像在害怕什麼的樣子……
我用「德古拉道具組」把你害怕的記憶都吸走了。
這東西不是拿來吸血的，
而是用來吸取腦中的記憶。
借我用用。

人體工廠探測燈Q&A

Q 越聰明的人，腦袋越大越重。這是真的嗎？

先去讓靜香……
忘記今天的糗事。
吸血鬼也可以打開上鎖的窗戶。
呵呵呵……
連作夢都夢到那件事!!
忘記吧!
チュー
※吸
?
這樣就好了。
再來是小夫。
チュー
※吸

A

假的。腦袋的重量與智力高低無關。鯨魚和大象的腦遠比人類更大、更重。

接下來是胖虎。
啊!!
嗚呃~
吸血鬼最怕大蒜味了⋯⋯
吃完東西竟然不刷牙就上床睡覺。
看來一定也沒洗澡。
這麼髒，要我怎麼吸!?
先幫他刷個牙，
再用毛巾擦拭身體⋯⋯
ゴシゴシ
※ 唰唰
有夠噁心~~
呸呸⋯⋯
⋯⋯⋯⋯?
為什麼我全身溼答答的？
這麼一來，再也沒有人記得我那件糗事了。
太好了。
那把「德古拉道具組」還我吧！
再借我一會兒。

人體工廠探測燈Q&A

Q 促使腦活動的能量來源是什麼？
①糖分 ②鹽分 ③鈣質

A ①糖分。腦活動必須要有大量的葡萄糖（糖分）。因此攝取含有許多澱粉的食物（醣類），身體就能夠製造葡萄糖。

大雄你又忘記寫作業!?
到走廊罰站。
幹嘛站在外面？
快進來上課！
昨天真的是笑死人了，大雄他……
沒錯啊，大雄他…他怎麼了？奇怪……
大雄好像做了什麼糗事…
但怎麼想也想不起來。
看媽媽擺著臉，
好像在等著要罵我……
チュー
※吸

大雄!!
什麼事？
……
沒事。
真是好用的道具。
無論我做什麼壞事，
對方馬上就會忘記……
我不能讓你這麼做!!
※碰
一直叫我還，實在煩死了。
對了!!
就讓他忘記借我道具的事情吧？

人體工廠探測燈Q&A

Q 人類在30秒之內，最多能夠記住多少事物？①三到五個 ②七到九個 ③十一到十三個

A
②七到九個。很快就會忘記的短期記憶最多只能夠記住這麼多。因此為了方便記憶，電話號碼通常是七位數或八位數。

※轉頭
クルリ
呃……
啊…對了，吸血鬼怕十字架。
就讓他忘記有這道具吧！
我好像曾經跟你借了某個很好用的道具……
我不記得有這回事。

腦是控制心臟與身體的高性能電腦

救命啊!!

人體最重要的器官——腦 充滿不可思議的謎團

這東西不是拿來吸血的，
而是用來吸取腦中的記憶。

▲記憶也是腦的重要任務之一。關於詳細的記憶機制，可參考76與77頁。

眼睛是把光傳送到腦的器官，耳朵是把空氣振動傳送到腦的器官，舌頭是把味道訊息傳送到腦的器官，也就是說，腦是負責對人類的五感進行分析的器官。光是負責這項工作，腦就必須在同一時間內處理數量龐大的資訊，但是腦的工作還不只這樣，腦還負責控制思考、記憶、情感、運動、維持生命等人類活著所必須的所有功能。

但是，儘管腦是如此重要的器官，我們對於腦卻仍有許多不了解的地方。以目前的醫學技術來說，我們依舊很難解開精巧又過度複雜的腦的一切。

也是腦

【感覺】

熱、疼痛、好吃等感覺，是由大腦的體感覺皮質進行判斷。

【說話】

將想法轉化成語言並理解對方的話語。運用的區域是大腦的額葉聯絡區與顳葉。

算数

【思考】

根據所受的教育與經驗進行思考，提高應用能力。運用的相關區域是大腦與腦幹。

腦的剖面圖

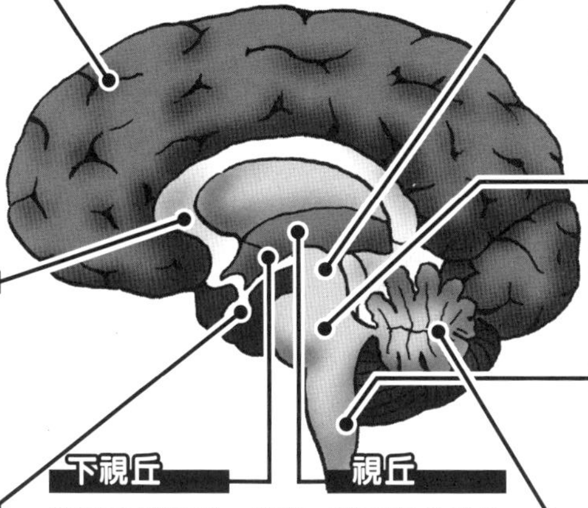

大腦

處理視覺、聽覺等五感之外，也管理語言、情感等人類思考。重量占全腦的百分之八十。

胼胝體

連接右半腦與左半腦的區域。這裡有兩億條神經纖維。

腦下垂體

分泌荷爾蒙（激素）的區域。控制人體生長與血壓。

下視丘

管理自律神經、荷爾蒙（激素）、體溫、睡眠等的區域。

視丘

將來自身體各部位的感覺送到大腦。

間腦

中腦

連接大腦、間腦與橋腦的區域。能夠維持同樣姿勢的中樞。

橋腦

連接小腦與腦幹，介於中腦與延腦之間的區域。

延髓（或延腦）

控制心臟、呼吸系統等生命中樞的區域。

腦幹

小腦

控制運動能力。整個腦將近一半的神經細胞都在這裡。

控制這些事情的

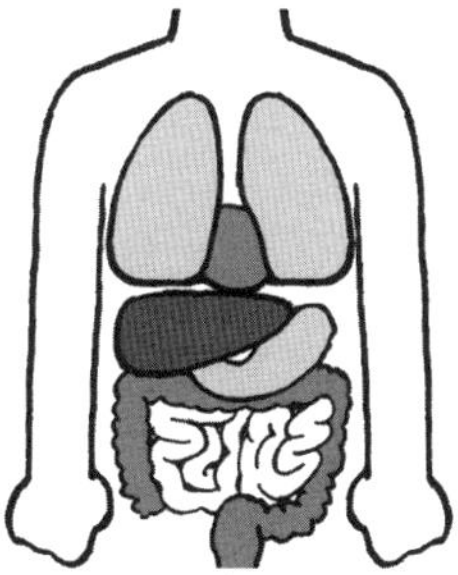

［維持生命］

維持內臟正常活動的也是腦。由腦搭配沿脊椎延伸的脊髓進行控制。

［笑、哭］

喜怒哀樂、心情好壞等情感，都是由位在下視丘與大腦深處的杏仁核所控制。

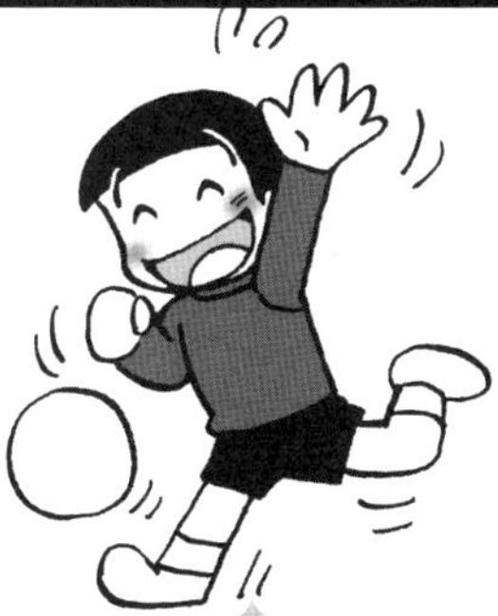

［活動］

大腦的運動皮質下達肌肉指令，小腦再進行微調，人類就能夠流暢的運動了。

忘記吧！
チュ

記住、忘記、想起：人類的記憶機制

記憶是由「海馬迴」篩選分類後，傳送至大腦皮質

人類會記住體驗過的事物，利用這些記憶成長。記憶對於人類的生存來說非常重要。與記憶能力密切相關的器官，就是位在大腦深處的大腦基底核與大腦邊緣系統。掌管知識與回憶等記憶的是大腦邊緣系統中稱為「海馬迴」的地方。我們所見所聞的各式各樣的資訊，首先會被送進海馬迴這裡，海馬迴分析資訊之後，只將必要的東西送到大腦皮質（覆蓋大腦的表層部分），只有送到這裡來的資訊，才會被當作記憶留下。

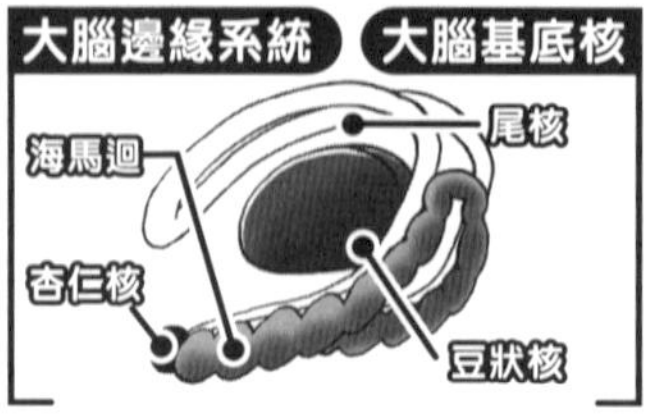
大腦邊緣系統
大腦基底核
海馬迴
杏仁核
尾核
豆狀核

大腦基底核負責自主運動的控制。

杏仁核是負責記憶恐懼等情感經驗。

短期記憶與長期記憶　記憶有許多種類型

記憶包含了許多種類型。首先，記憶可以分為短期記憶與長期記憶。短期記憶是指只會記住幾十秒或幾分鐘、維持很短暫的時間之後就會忘記的記憶。長期記憶則是會記住幾分鐘到幾年，有時甚至是一輩子的記憶，像是印象深刻的經驗、經過多次複習後記住的內容，都較容易成為長期記憶。

短期記憶

宅配ピザ
123-00XX
1,2,3…

▲我們很快就會忘記外送的電話號碼。這是短期記憶最典型的例子。

長期記憶

▲愉快的事情、可怕的事情等印象深刻的記憶，容易停留較久。

長期記憶大致上可以分成四種

長期記憶可以進一步分成四種類型，左圖分別舉出每種類型的代表例子。各位也可以回想自己的記憶，想想哪些記憶分別屬於哪種類型吧！

情節記憶

以自身體驗為基礎的記憶，印象越深刻，記住的時間越久。

語意記憶

讀書與物品名稱等知識性的記憶，透過複習就能夠記住。

陳述性記憶

好像之前在哪裡見過？
你好！

曾經看過或聽過的人事物會在無意間記住。

程序性記憶

騎腳踏車或單輪車等關於如何做一件事的記憶，一旦記住了就不容易忘記。

上了年紀之後，爲什麼會變得健忘？

一般人到了五十歲左右，就會變得健忘。記憶是靠電流訊號送進遍布在腦裡的神經細胞。但是上了年紀之後，就會因為專注力與能量不足，導致訊號無法順利送達，因此記憶明明存在，卻很難回想起來。

你有沒有看到我的眼鏡？

特別專欄

遺忘也是腦的重要任務

利用記住新事物或回想舊有記憶可以對腦進行鍛鍊。但是長期記憶的容量有限，因此腦會忘記不需要的記憶，以增加效率。所以就算小事想不起來也別太在意。

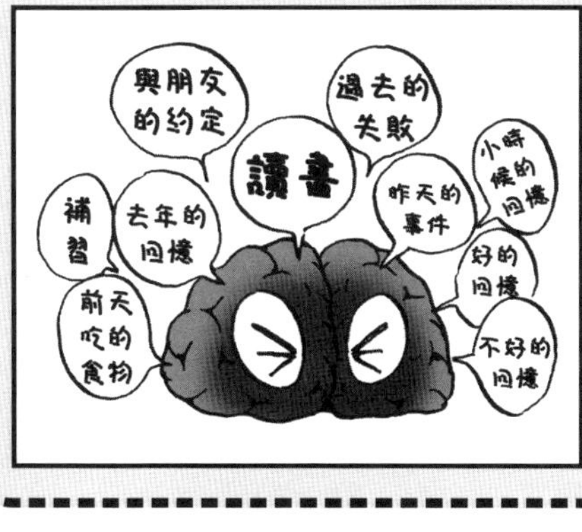
與朋友的約定
過去的失敗
讀書
小時候的回憶
昨天的事件
補習
去年的回憶
好的回憶
前天吃的食物
不好的回憶

趣味比較：腦的各種不同

人類與動物的腦的不同：人類的腦就是演化的歷史

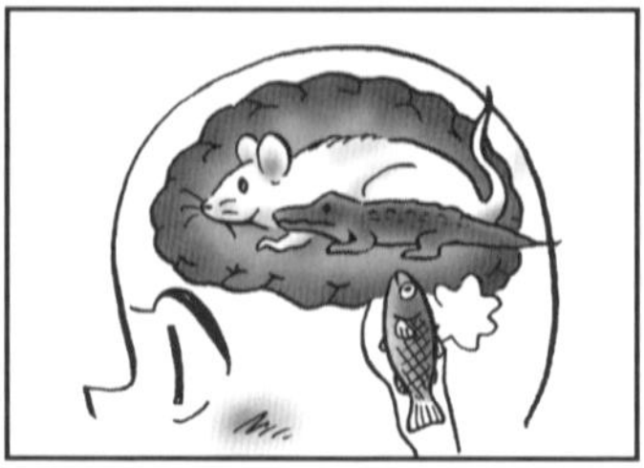

人類的腦累積了生物演化的歷史。中央的小腦和延髓是用以維持生命的腦，魚的這部分很發達。接著是管理身體機能的間腦，青蛙和鱷魚的這部分很發達。然後是外側的大腦。因為人類擁有這麼大的大腦支援知識活動，證明人類處於演化的頂點。

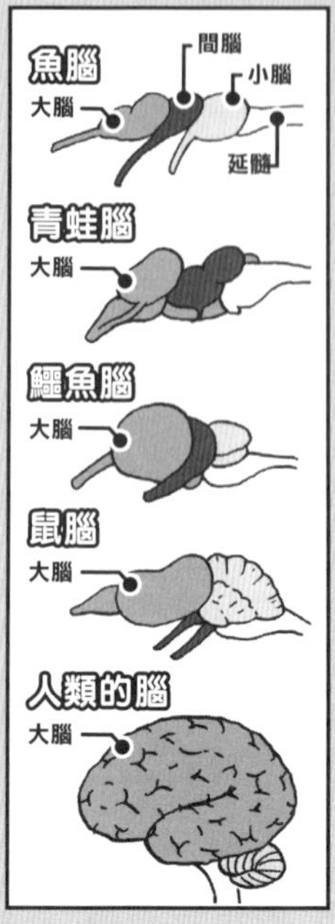
魚腦
間腦
小腦
大腦
延髓
青蛙腦
大腦
鱷魚腦
大腦
鼠腦
大腦
人類的腦
大腦

右腦與左腦的不同：你是藝術家型？還是實務家型？

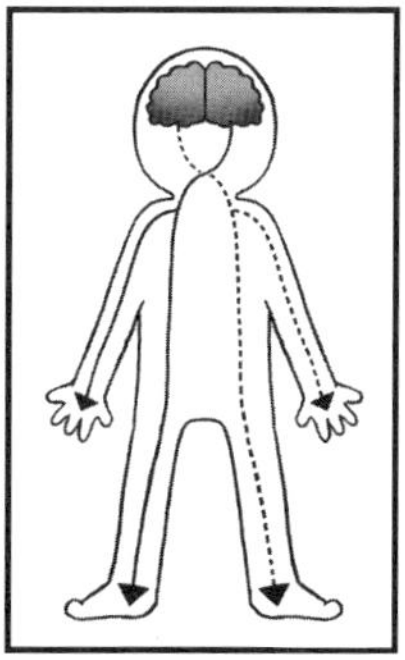

人類的大腦分為右腦和左腦，兩腦各自延伸出的神經在延髓交叉，因此基本上右腦掌管左半身、左腦掌管右半身的活動。

另外，左右兩腦擅長的能力也各有不同（詳細內容請參考下圖）；右腦的藝術能力優異；左腦的實務能力卓越。有趣的是，人類並非平均使用左右腦，因此每個人擅長與不擅長的事物不盡相同。

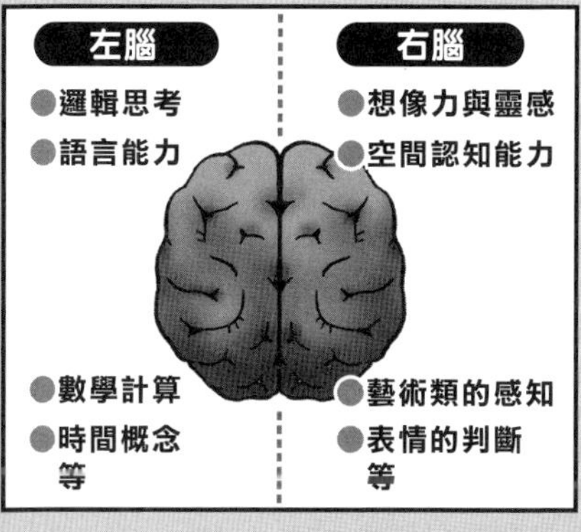
左腦
●邏輯思考
●語言能力
●數學計算
●時間概念
等
右腦
●想像力與靈感
●空間認知能力
●藝術類的感知
●表情的判斷
等

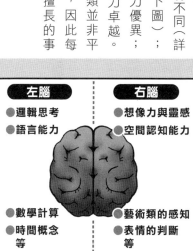

男性與女性的腦不同：各有擅長與不擅長的事物

即使同樣是人類，男性和女性的腦也有若干不同。這種差異是還在母親肚子裡的胎兒時期就已經決定。胎兒是男生的話，胎兒體內會產生男性荷爾蒙（或稱雄激素），結果就是男生會帶著男性腦出生。男性腦比女性腦略重一點（腦的重量與智力高低無關），具有主動性，而且空間認知能力優異。另外，連接女性右腦與左腦的胼胝體（神經纖維束）較粗，因此女性擅長同時使用兩邊腦，知覺（感知）速度也較優異。

空間認知能力

▲一看到地圖或立體物品，就能夠準確判斷位置和形狀的能力。男性較擅長。

知覺速度

▲能夠快速察覺色彩與形狀有微小差異的能力。女性比較擅長。

試試看！空間認知能力與知覺速度

空間認知能力測試

哪兩個圖形相同？

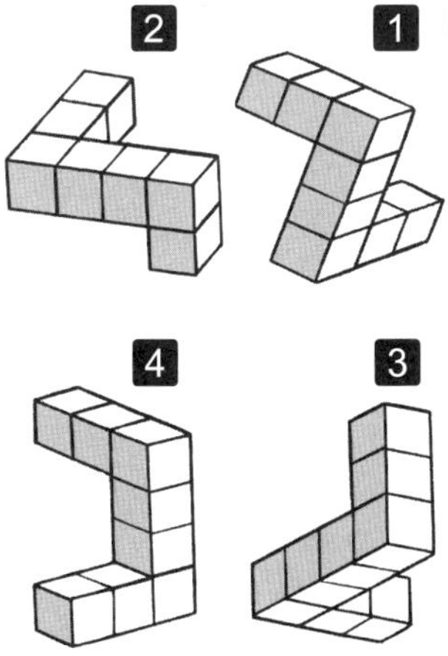

答案：1和3

知覺速度測試

哪兩件洋裝一樣？

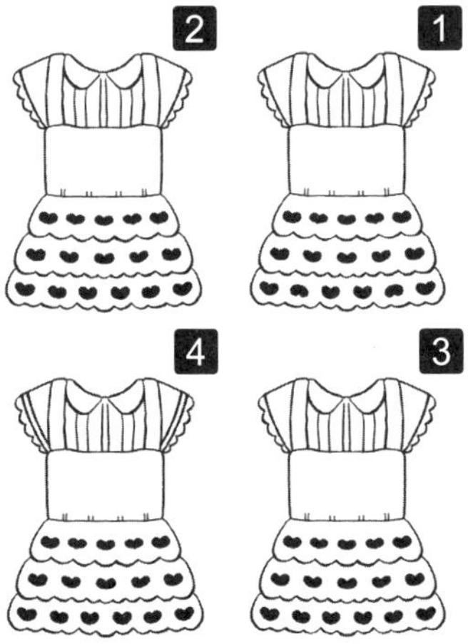

答案：2和3

夢境實現枕

沒人叫我起床就自己醒來，感覺真是太舒服了。
今天開始是新學期～啦啦啦！
暑假作業呢？
全都做好了。
已經準備好了，但還有些時間。
來預習一下吧！
太奇怪了！
這種乖寶寶的行為，
一點也不像大雄。
說不定這只是作夢。

Q 不只是人類，動物也會作夢。這是真的嗎？

起床了！
喂！起床！
啊！果然是夢。
今天是暑假最後一天哦！
功課都還沒做完吧？
怎、怎麼會？全部……都還沒寫!?
難得一切過得那麼順！
都怪哆啦A夢說了沒必要的話。
嗚哇～
是我的錯嗎？
那就用這個「夢境實現枕」，把夢和現實對調吧！
夢境實現枕？
用這個睡覺，可以讓夢境成真？
能順利繼續夢到剛才的夢嗎？

A 真的。據説多數哺乳類動物都會作夢。你可以試著觀察狗或貓等寵物。

唔……
真的繼續剛才的夢了？
一切都回到夢裡了。
真的耶！功課全都做好了。
我去上學了。
嗨！早安。
糟糕了！

Q 多數夢境都是黑白畫面。這是真的嗎？

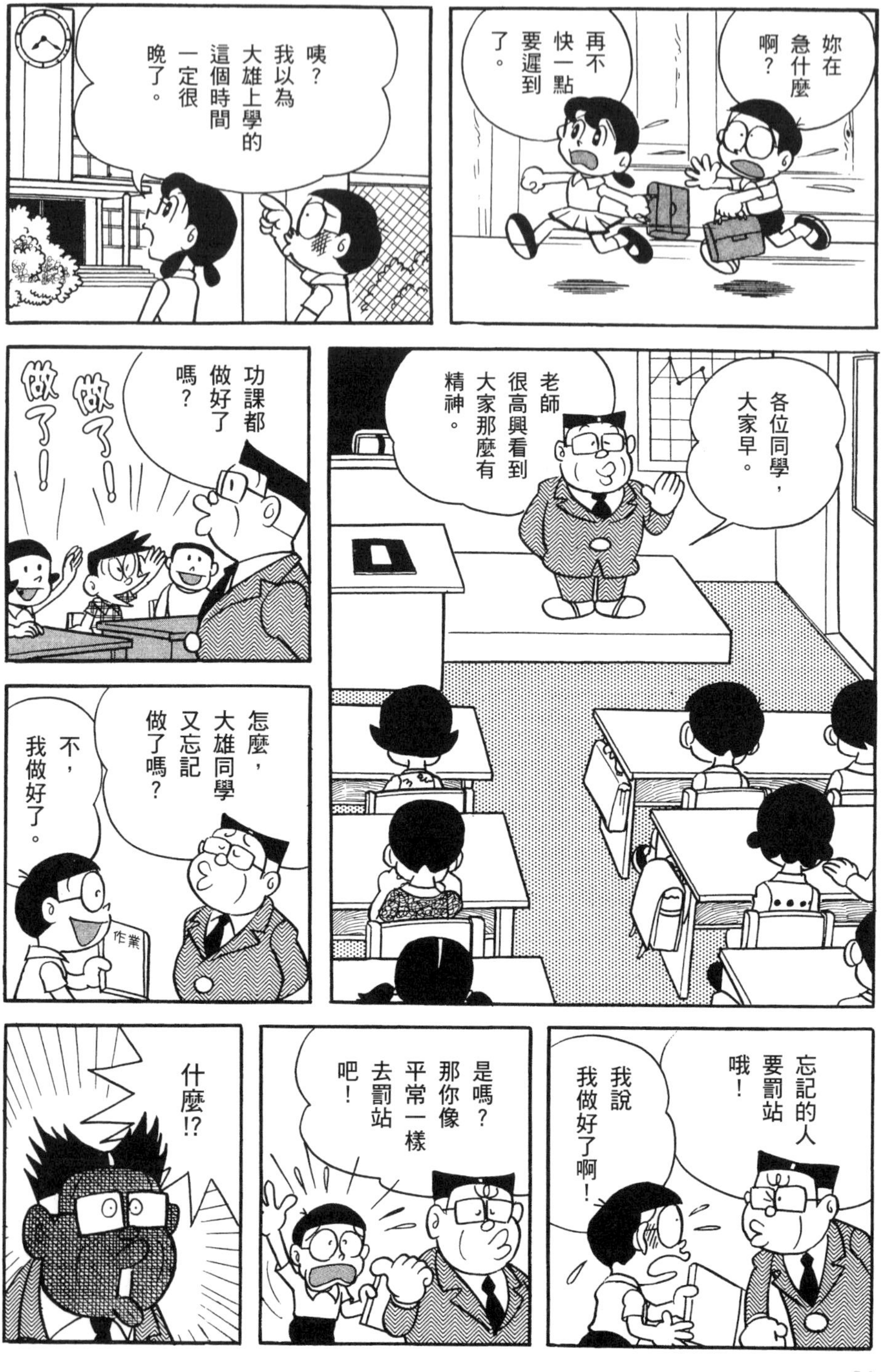
妳在急什麼啊？
再不快一點要遲到了。
咦？我以為大雄上學的這個時間一定很晚了。
各位同學，大家早。
老師很高興看到大家那麼有精神。
功課都做好了嗎？
做了！
做了！
怎麼，大雄同學又忘記做了嗎？
不，我做好了。
作業
忘記的人要罰站哦！
我說我做好了啊！
是嗎？那你像平常一樣去罰站吧！
什麼!?

對不起，我以為你這次又沒做功課。
可是錯誤連篇的話就沒用了。
啊…這次寫得不錯呢！
你是不是哪裡不對勁啊？
真不敢相信。
是叫誰幫你做的嗎？
※生氣
啊！你要到哪去？
真的很不開心！
之前的夢比較好。
那再重來一次吧！

A 假的。夢境是以現實世界為基礎，來自我們平常看見、記住的景象，因此多數夢境都是彩色的。

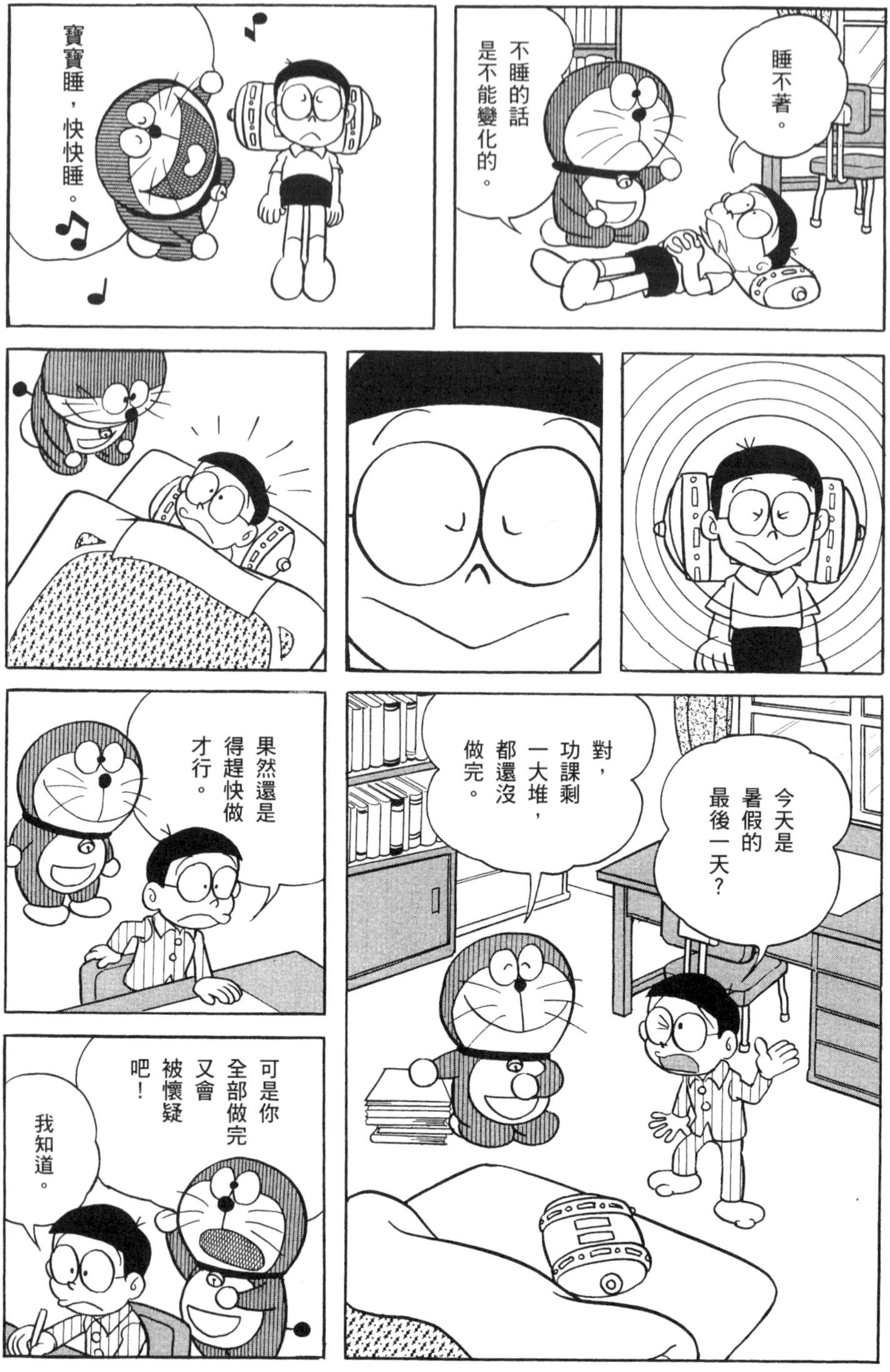
睡不著。
不睡的話是不能變化的。
寶寶睡，快快睡。
今天是暑假的最後一天？
對，功課剩一大堆，都還沒做完。
果然還是得趕快做才行。
可是你全部做完又會被懷疑吧！
我知道。

人體工廠探測燈Q&A

Q 我們需要睡眠的主要原因是讓腦休息，不過腦有一部分完全不休息。這是真的嗎？

A 真的。控制睡眠的是稱為「腦幹」的部位，這個部位永遠醒著，負責控制腦睡著或醒來。

反正我也不可能全部做完。
……
……
我想還是剛剛的夢比較好。
你還真善變。
可以控制夢的好壞嗎？
也不是不行啦！
把我的腦袋設定得非常聰明。
然後大家都很尊敬我。
我想體驗一下那樣的世界。
做點調整。
轉轉……
乖寶寶，好好睡哦！

好了，這樣就行了。
為了安全起見，我把枕頭帶去吧！
哇……
大雄同學如此優秀，
實在是太令人佩服了。
校長室
像大雄這樣的天才，光當學生太可惜了。
請務必指導全校老師……
好像太過火了！

Q 中午想睡時，睡多久會感到神清氣爽？①15～30分鐘 ②45分鐘～1小時 ③1.5～2小時

咦？您要到哪去？
學校真是太無趣了，我不想上了不行嗎？
不不不，沒有這回事。
離別真令人傷心啊！嗚嗚……
驪歌一曲送別離，相顧卻依依……
記得要回來走走啊！
啊！是大雄!!
哦！沒想到是他！
他在走路耶！
好帥哦！
他跌倒了。
好酷的跌法哦！
好迷人喔！
校

A ①15~30分鐘。中午讓腦休息15~30分鐘，能夠更加提升腦的效率。因此午睡是相當合理的習慣。

啊！大雄。
可以請你參加棒球隊嗎？
只能一下子哦。
來！快投吧！
是，我要開始投了。
鏘!!
哇！大雄打出全壘打了！
那會成為人工衛星吧！
這樣達成一千支全壘打了。
太強了。
我是職棒的球探，希望您能夠加入巨人隊。

人體工廠探測燈Q&A

Q 時差比較嚴重的是下列何者？

① 由東往西的旅行

② 由西往東的旅行

契約金是一億圓。
我沒興趣。
是大雄。
他回來了。
今天不開記者會啦！
你回來啦！
總理大臣想和你見個面。
下次再說吧！
今天很忙的。
必須要完成正在研究中的火星火箭。

A ②由西往東的旅行。這個旅行方向與太陽動向相反，因此生理時鐘會大受影響，倦怠、想睡、腦袋沉重等症狀會更加嚴重。

作夢到這種程度也太誇張了。
可是現在這個才是真實的世界。
你…你們是什麼人!?
我們是XX國的間諜。
要把你帶到XX國去，請你幫我們研發武器。
開什麼玩笑，我拒絕。
拒絕的話就要你死。
哇～把這變成夢吧！
唔…
睡…睡不著…
這…對不起…
請唱首搖籃曲。

人體工廠探測燈Q&A

Q 睡覺時的「鬼壓床」現象，容易發生在下列哪個時候？①快速動眼期 ②非快速動眼期

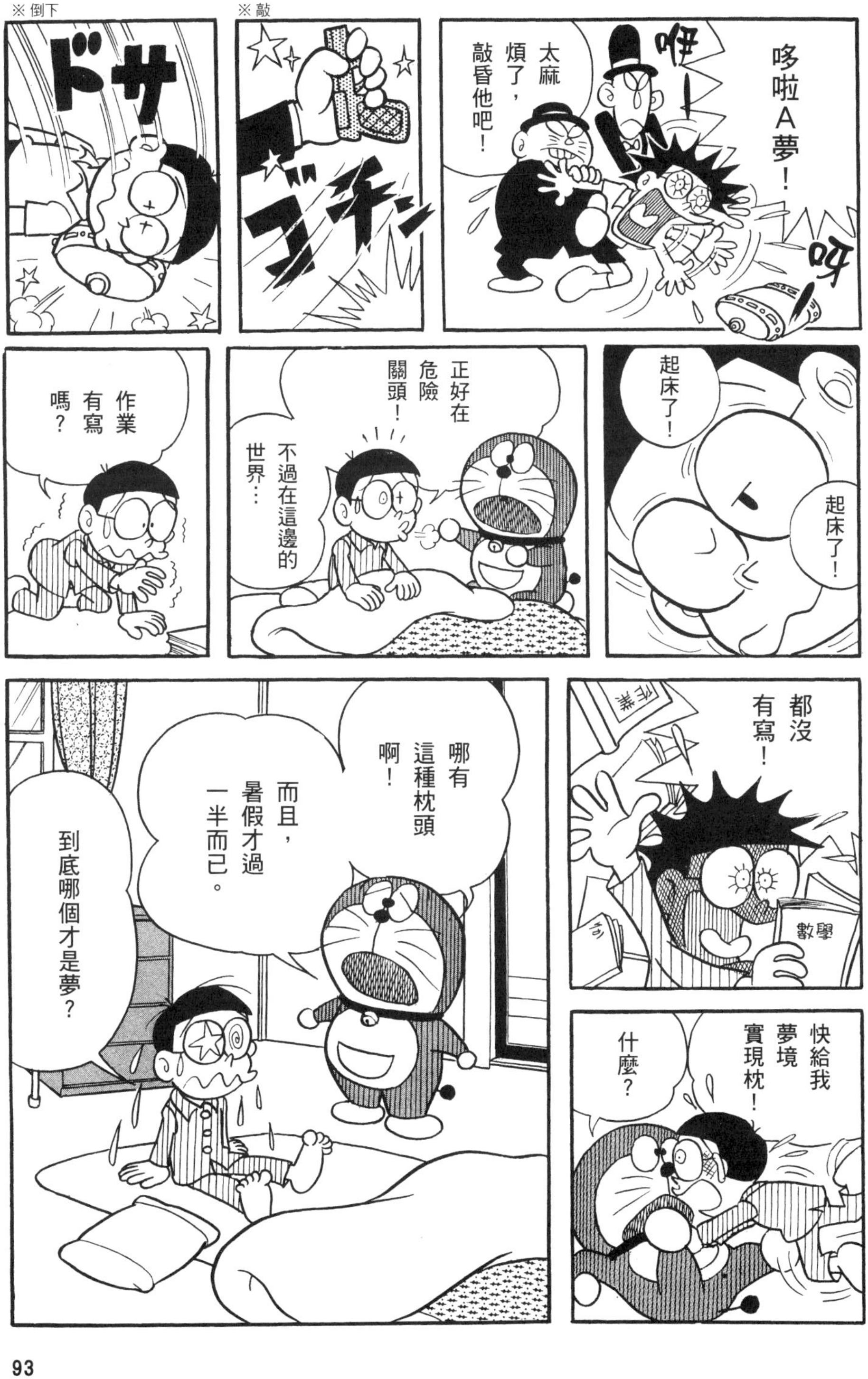
哆啦A夢！
呀！
呀
太麻煩了，敲昏他吧！
※敲
ゴチン
※倒下
ドサ
起床了！
起床了！
正好在危險關頭！
不過在這邊的世界…
作業有寫嗎？
都沒有寫！
作業
數學
快給我夢境實現枕！
什麼？
哪有這種枕頭啊！
而且，暑假才過一半而已。
到底哪個才是夢？

A ①快速動眼期。在快速動眼期，腦的睡眠淺，身體睡眠深，如果在這個時候醒來的話身體就會動不了，變成「鬼壓床」現象。

說不定這只是作夢。

什麼是夢？爲什麼會作夢？

人類會在睡眠較淺的快速動眼期作夢

睡覺時，人類會每九十分鐘一次深度睡眠和淺度睡眠（一個晚上交替四～五次）。深度睡眠也稱為非快速動眼期，此時大腦處於熟睡狀態。另一方面，淺度睡眠屬於快速動眼期，大腦沒有完全睡著，還在進行記憶的整理與定型。夢可說是在記憶的整理與定型上，不可或缺的活動。

快速動眼期

▲淺度睡眠且會作夢的狀態。眼球在緊閉的眼皮後側轉動。

非快速動眼期

▲深度睡眠期。大腦熟睡著，反而是肌肉處於活動的狀態，會頻頻翻身。

是腦的哪個部位在作夢呢？

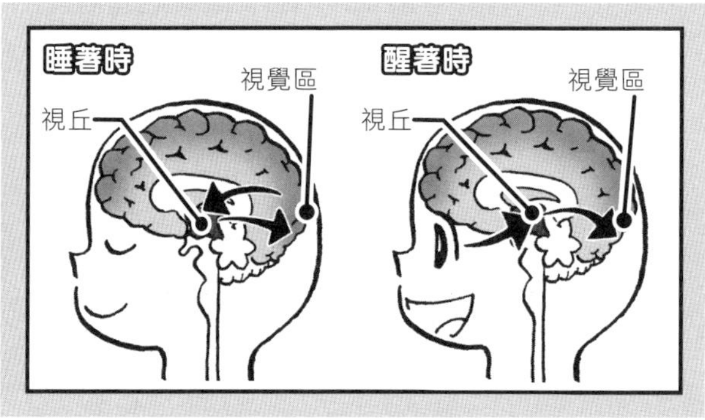
睡著時
視覺區
視丘
醒著時
視覺區
視丘

人醒著時，各種光的資訊從眼球進入，由視丘傳送到大腦視覺區，因此我們能夠看到東西。但是睡著時，雙眼理所當然是閉著的，為什麼我們還會「看見」夢呢？

對於夢，目前仍有許多未知的事情，不過有一種說法認為夢是視丘與視覺區交換訊號的產物。事實上科學家也已經確定視覺區在快速動眼期仍在活動，因此夢的畫面是受到

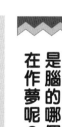

視覺區的影響，這是十分可靠的主張。另外也有說法認為，夢是大腦顳葉聯合區看見的內容。顳葉聯合區是記憶視覺資訊的場所，因此夢在這裡視覺化也是很有可能的。更有人認為夢是在大腦中更大的區域產生。多數的夢都是根據實際的記憶而來，因此也許海馬迴或大腦皮質等許多區域也與作夢有關。

比起熬夜唸書，早點睡覺的成績會比較好？

前面已經提過，有一派說法認為夢的作用是整理並定型記憶。也就是說，一天之中發生的事情與記住的知識，直到睡覺時才會成為記憶被固定在腦子裡。不少人總是到了考試前一天才慌慌張張，臨時抱佛腳的熬夜唸書，其實這樣反而會帶來反效果。沒有定型的記憶在兩個小時之後就會失去百分之七十，八個小時之後就會喪失百分之九十。同樣是臨時抱佛腳，擁有充足睡眠的人，在兩個小時之後儘管會喪失百分之五十的記憶，不過兩個小時以後仍會留下百分之五十的記憶。而且為了健康著想，各位就別熬夜了！

特別專欄

我們也能夠自由自在看見夢境後續的發展？操控夢境有理想妙方！

是否有人會因為愉快的夢作到一半卻醒來，而感到不甘心 ？

這種時候你一定希望能夠繼續看到夢境的後續內容吧 ？目前已經研究出能夠自由操控夢境的方法，稱為「明晰夢」。據說只要經過相當程度的訓練，就能夠學會控制夢境的方法。重點是必須隨時提醒自己此刻發生的情況是夢境還是現實。在夢裡如果注意到自己是在作夢，夢就結束了。聽說利用這種方式能夠夢到想見的人，或讓自己變成超級英雄。

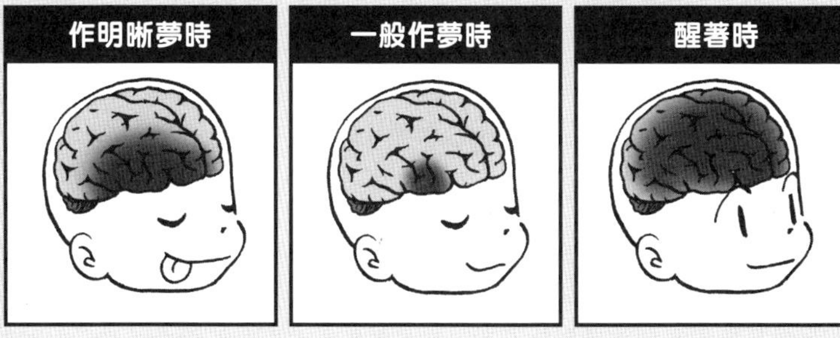

◀深色部分代表腦正在活動的區域。一般夢境與明晰夢的差異一目了然。

我們為什麼需要睡眠？

人類能夠持續多久不睡覺？

人類為什麼需要睡覺呢？最重要的原因是為了讓大腦休息。如果持續不睡覺的話，從海馬迴開始，大腦許多區域都會受損，注意力會降低，人也會逐漸無法控制自己的情緒。繼續不睡覺的話，就會出現幻覺和幻聽，最後甚至危害性命。紀錄上曾經有人高達十一天以上沒有睡覺，不過請各位千萬別嘗試。

不睡覺造成的改變

▲腦袋變得一片空白，表情也會很呆滯。

▲變得無法控制情緒，整天氣呼呼的。

▲開始出現幻聽與不可能存在的幻覺。

一到晚上就想睡覺，證明生理時鐘功能正常

人類如果按照二十四小時的週期節奏，在早上醒來、晚上睡覺，持續下去就能擁有健康生活，這個循環稱為「晝夜節律」。腦的下視丘前端有個稱為「視叉上核」的區域，負責生理時鐘的任務，這個地方會遵守正確的晝夜節律。順便補充一點，人類天生的生理時鐘是一天二十四點八個小時。這個零點八個小時的差距會趁著每天晒太陽的時候進行調節。如果持續熬夜或早上很晚才醒來的話，調節的功能無法順利進行，就會造成晝夜節律混亂，這也是會造成身體不適的原因，必須注意。

正確的晝夜節律

「多睡的孩子才會長大」這是真的嗎？

你是否也聽大人說過：

「多睡的孩子才會長大。」

這句話並非大人要騙小孩子早點睡覺的謊言。從小學到國中這段時期，腦下垂體會分泌大量的「生長激素」，幫助身體成長。但是這個荷爾蒙分泌最旺盛的時機是在運動後，以及熟睡的非快速動眼期。而且這段時期，在睡覺時也會分泌促黃體生成素（簡稱LH）這種性荷爾蒙，讓男生像男生、女生像女生。因此「多睡的孩子才會長大」這句話在幫助成長上的確沒錯。

不同年齡的平均睡眠時間	
新生兒	15 ～ 20 小時
1 歲	13 小時
4 歲	10 ～ 12 小時
10 歲	9 ～ 10 小時
成人	7.5 小時
老人	8 小時

每種動物的睡眠時間不同 海豚可以二十四小時都不睡覺？

人類之外的哺乳類動物也有快速動眼期與非快速動眼期。各位一定看過狗兒或貓咪也會作夢吧？不過每種動物的睡眠時間不太一樣。基本上肉食性動物的睡覺時間較長；而容易遭受敵人攻擊、危險較多的草食性動物睡眠時間很短暫。

順便補充一點，海豚的左右腦會輪流休息，因此睡眠時間是零。另外，無尾熊沒有天敵，而且只吃營養價值低的尤加利葉，因此為了保存體力，必須睡上十九個小時。

人類
6～8小時
長頸鹿
26分鐘
狗
14小時
海豚
0小時
黑猩猩
9小時
大象
3小時
豹
10小時
無尾熊
19小時

可以控制夢的好壞嗎？
也不是不行啦！

腦還有許多不可思議的地方

打動人心的「人心」在身體的哪裡呢？

「胸口發燙（意思是感動）」、「胸口破了一個洞（意思是感覺空虛）」，諸如此類表達情緒的片語中多半用上了「胸」這個字，不過所謂的人心當然不在胸腔裡。掌管喜怒哀樂的區域主要是腦裡的下視丘。情緒是由管理愉快與不愉快的杏仁核、管理記憶的海馬迴，以及大腦皮質連動所產生。接著腦內荷爾蒙會將產生的情緒送到身體，讓胸口發燙或破一個洞。左圖就是三個主要的腦內荷爾蒙。

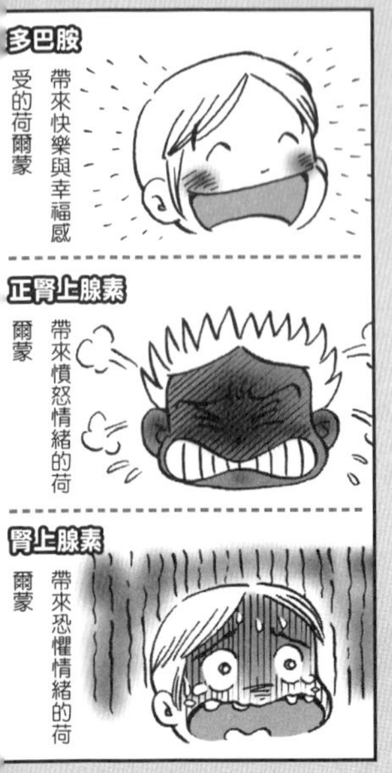
多巴胺
帶來快樂與幸福感受的荷爾蒙
正腎上腺素
帶來憤怒情緒的荷爾蒙
腎上腺素
帶來恐懼情緒的荷爾蒙

幸福的感受可透過腦部訓練提升？

人類一覺得幸福，就會大量分泌多巴胺，此外據說覺得幸福也會活化大腦皮質的神經細胞。反覆累積這類感覺愉快的經驗，就會固定腦中感覺幸福的路徑，也就能夠培養出容易感覺幸福的腦。如此一來就可以盡量遠離壓力，享受愉快時光，回憶快樂的事物。

為什麼一旦上了年紀就會覺得時光飛逝？

「一年的時間一眨眼就過去了」、「最近總是覺得一天的時間好短」等等，各位是否也有聽長輩們說過這些話呢？為什麼一旦上了年紀，就會覺得時間流逝的速度變快了？年輕時充滿好奇心與幹勁，每天嘗試新體驗，腦為了處理這些資訊也會全力轉動。

相反的，老年人的一天往往都過得比較單調，頭腦常常處於無聊狀態。據說腦感到無聊，就是我們會感覺時光飛逝的主要原因。

特別專欄

如何解開腦的不可思議？

腦裡有千百億條神經纖維複雜交錯，也是最難解謎的器官。過去曾發生手術刀進入腦裡，結果造成「個性改變」的情況，我們也因此發現腦部各區域與功能之間的關係。但是最近醫療技術的發達，讓我們可以使用更安全的方式找出腦的作用，比如說：MRI（核磁共振成像術或稱磁振造影術）。這種機械是利用電磁波照射體內水分含有的磁性，藉此拍攝出身體的剖面圖。透過此機械，我們甚至可以清楚看到血管的情況。腦一活動，血液流量就會增加，因此科學家可以找出什麼時候、哪個部位在活動。

另外，腦波儀能夠測量腦內的電流訊號，科學家可以藉由腦神經細胞傳送的電流訊號強度，推測腦的活動區域。其他還有使用藥物測試腦的反應、利用紅外線調查腦部血管等方法。

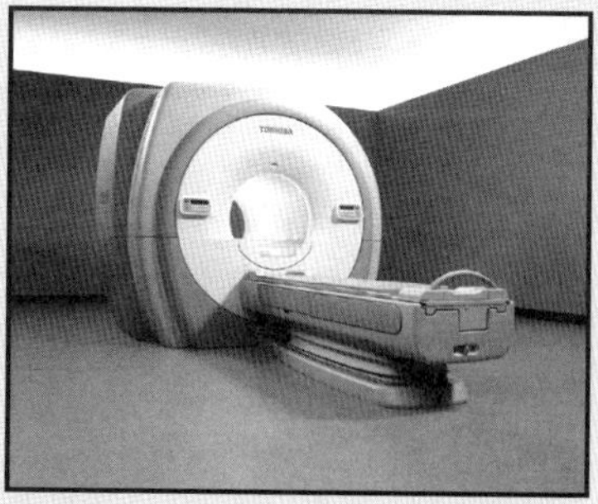

▲ MRI。可從任何方向拍攝人體橫切剖面圖，有助於疾病的發現。

影像提供／東芝 Medical Systems（股）公司

哆啦A夢生重病？

我很努力啊！每天平均讀書的時間，比過去多了十分鐘。我已經盡最大的努力在做了。
不行，你的努力還不夠！
應該要再加倍努力才行!!
明天就要考試了，現在努力也來不及!!
誰叫你平時不用功，今後一定要好好……
「電腦鉛筆」借我!!
我沒有那種東西!!
騙人！
很久以前不是借我用過嗎？再不拿出來，就拔掉你的鬍鬚……
喂……哆啦A夢……？
你怎麼了？振作點啊!!
頭有點暈暈的……
我早就跟你說過了！

啊，是哆啦美耶。
妳怎麼又來了啊？
什麼又來了啊!?
那是因為哥哥你沒回工廠去。機器貓每年必須回工廠，做一次健康檢查。
我的身體又沒有不舒服的地方……喀喀！
你看，都發出怪聲了！
囉嗦，不要管我啦!!
真拿哥哥沒辦法。
為什麼他不想去呢？
因為哥哥害怕要是發現麻煩的病，該怎麼辦？
麻煩的病？
例如「零件老化症」之類的病。
要是不立刻治療的話，就來不及了……
會永久故障!!
我一定會讓他回工廠去的!!
那就拜託你了。

人體工廠探測燈Q&A

Q 中醫稱即將患病之前的症狀為下列何者？①前病 ②先病 ③未病

哆啦A夢，你要更加注意身體才行!!
哆啦A夢！
你在哪裡!?
我根本就沒有生病。
要是我住院一年半載，那大雄該怎麼辦啊？他自己一個人，什麼事都辦不了!!
※ 嘰嘎嘰嘎
好像有點累了……
休息一下吧！
鼾~
ギ ギ
鼾~
ガク ガク
※ 喀嘰喀嘰
哆啦A夢？
我沒有看到他。
我現在有空，要不要一起玩？
現在不是玩的時候！

A ③未病。意思是「尚未生病」，亦即儘管檢查不出原因，但是當事人卻感到不舒服的狀態。

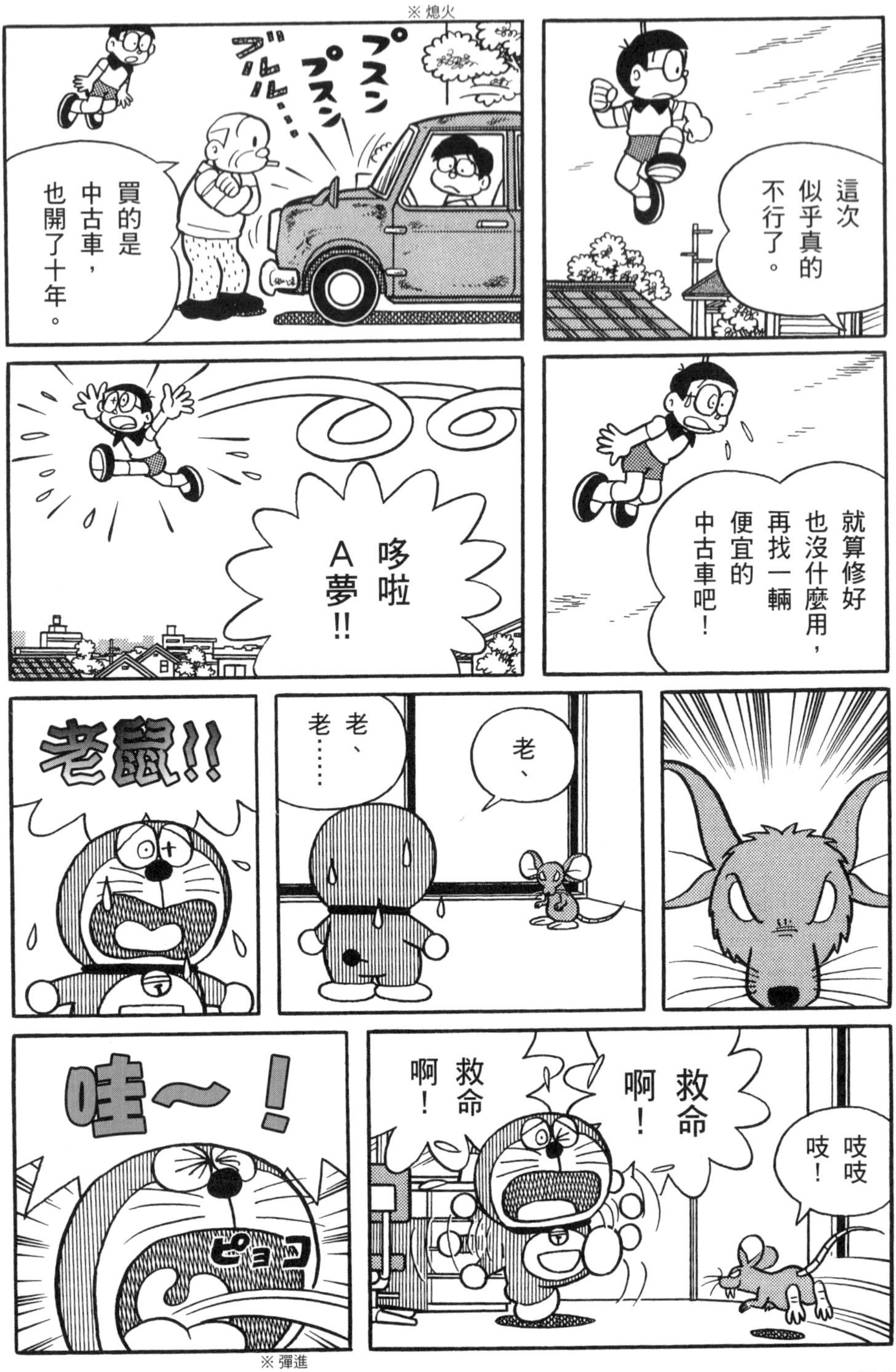
這次似乎真的不行了。
プスン プスン
ブルル…
※熄火
買的是中古車，也開了十年。
就算修好也沒什麼用，再找一輛便宜的中古車吧！
哆啦A夢!!
老、
老、老……
老鼠!!
吱吱吱！
救命啊！
救命啊！
哇～！
ピョコ
※彈進

人體工廠探測燈Q&A

Q 二〇一一年日本20歲男性的平均身高是172公分。那在一九〇〇年時是幾公分？

①158

②162

呀啊！
哇～
啊！
哆啦A夢!!
你作了惡夢嗎？你一直在說夢話喔。
……是作夢嗎？
一定是因為你身體某處有毛病，所以才會作奇怪的夢。
馬上回去工廠檢查！
不用你多管閒事！
你為什麼這麼固執…
該不會……
你是在擔心我，所以才不去嗎？
別小看我！就算沒有你，我也能過得很好的。
喔──是嗎？

A ①158公分。過了一百多年長高了14公分，據說是因為飲食改善及生活習慣改變所造成的。

好吧！這樣好了…明天的考試，如果我考一百分…不，九十分…不，八十分的話…
你立刻回去工廠好嗎？
七十分…不，六十分我就立刻回工廠。
你不可能考到那種分數的。
雖然很困難，也只能拼了……
ガ…
※嘎
ガクガクガク
※嘎喀嘎喀
哆啦A夢!!
ドカドカ
※碰嘎碰嘎
我體內好像有什麼東西在動。
是老鼠!!
嘔！嗯！
怎麼可能!?
或許是機器人病原菌，不過確實有東西在動。
!!

人體工廠探測燈Q&A

Q 預防病毒感染的疫苗其製作材料是……？

①實驗鼠 ②吐司 ③雞蛋

什麼…要變小進入我的體內!?
別亂來!!
要是碰到高壓線怎麼辦!?
如果掉到原子胃袋裡面，可是會被分解、變成能源喔!!
也有可能被沖到油管裡……
ガクガク
※嘎喀嘎喀
沒時間在那裡磨蹭了!!
總之，姑且一試吧！
哇——好複雜！
看不出來哪裡有問題，毫無頭緒。
總之，先到處走走看看吧。
啊！藍白色的光…那是什麼？

A ③雞蛋。疫苗是培養毒性減弱的病毒製成。使用雞的受精卵效果最好。

大雄！你真的進去了嗎？
哇啊！不要說話，我的耳朵會嗡嗡作響的。
真奇怪……
應該就在這一帶啊……
※沙沙
サ.サ…
找到了，紅色小怪物!!
果然有東西在作怪嗎!?
不要亂動！
要是滑倒的話，不曉得會掉到什麼地方去。
※噗通
回來吧！你沒有辦法的。
你不要說話，乖乖睡覺就好了。
※沖走
這圓蓋的下面是什麼？
スポ
哇啊!!
救命啊!!

人體工廠探測燈Q&A

Q 人類牙齒在六歲左右會從乳牙換成恆齒，此時牙齒數量會……？

①增加 ②減少 ③不變

A ①增加。臼齒一共增加六顆。但是最近的年輕人因為下巴骨骼縮小的關係，有些人口腔裡沒有空間長出這六顆牙齒。

※ 跳起
ザバ
因為哥哥不聽勸告，
所以我才讓「迷你哆啦」去調查你的身體。
檢—檢—查—查—完—完—畢—畢。
你已經完全檢查過，有問題的地方都修好了？
大致應該沒問題了，但是……
還是要回工廠一趟喔！
嗯，一言為定。
對了，剛才散落一地的道具中……
我有看到「電腦鉛筆」喔……
ギク
※ 嘎嘰
不過，算了。
因為和你約定好了，我會靠自己的力量努力的。
大雄……

要是
治療的話，
就來不及了……
會永久故障!!

我們為什麼會生病？

健康是指什麼狀態？生病是指什麼狀態？

簡單來說，所謂健康，是指每天都能夠精神奕奕生活的狀態；所謂生病，是指喪失精力的狀態。如果從醫學角度來說的話，健康是指身體保持一定的體內平衡（也稱為恆定）狀態；生病則是身體失去平衡的狀態。以體溫為例，不管是酷熱的夏天或寒冷的冬天，體溫在我們沒意識到的狀況下都會自動保持固定，這就是體內平衡（恆定）的其中一例。胃液等消化液與各式各樣的荷爾蒙只在必要的時候分泌必要的分量，這也是體內平衡的關係。也就是說，體內平衡基本上是所有生物能夠以正常狀態活下去的機制。

日本稱為國民病的五大疾病是哪些？

一個國家有多數人民為此病所苦、造成社會問題的疾病，或是死亡率特別高的高危險疾病，就稱為「國民病」。國民病會根據不同的時代背景、生活習慣、醫療進步等原因而改變。以日本來說，昭和（一九二六～一九八九年）初期死亡率第一名的疾病是結核病。到了第二次世界大戰（一九三九～一九四五年）時，因為衛生環境的惡化，因此痢疾等傳染病最為普及。然後到了現在，在日本稱為國民病的是下列這五種疾病。

日本五大國民病

病名	症狀	死者比例
癌症	腫瘤增生，侵蝕正常細胞。	約 30.4％
心肌梗塞	冠狀動脈血流變弱，造成心肌壞死。	約 15.8％
腦中風	腦血管堵塞或破裂。	約 11.5％
糖尿病	血糖值過度上升，損害臟器。	約 7.4％
精神疾病	憂鬱症、失眠等心理疾病	—

※ 日本人的死亡率還受到疾病之外的因素影響。

外來的攻擊！病毒、細菌、寄生蟲

現代的國民病多數的成因都是來自於體內，例如：細胞發生變異，變成腫瘤引發癌症，或是血管損傷導致腦中風等。但是，也有些損害健康的敵人是來自體外，例如病毒、細菌等微生物和寄生蟲。其中有些對人體有益，但有些則有可能會危害性命，屬於危險的外敵。為了驅除這些外敵，身體會利用免疫系統（可參考一百一十四頁）自我保護。

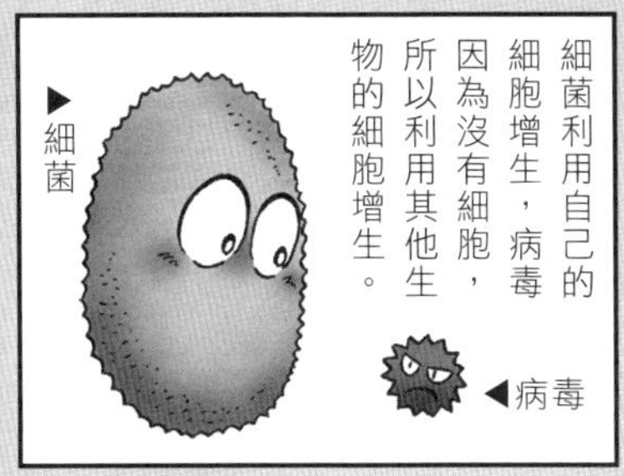
細菌利用自己的細胞增生，病毒因為沒有細胞，所以利用其他生物的細胞增生。
▶細菌
◀病毒

▶細菌比病毒大，但都是人類無法以肉眼看見的大小。

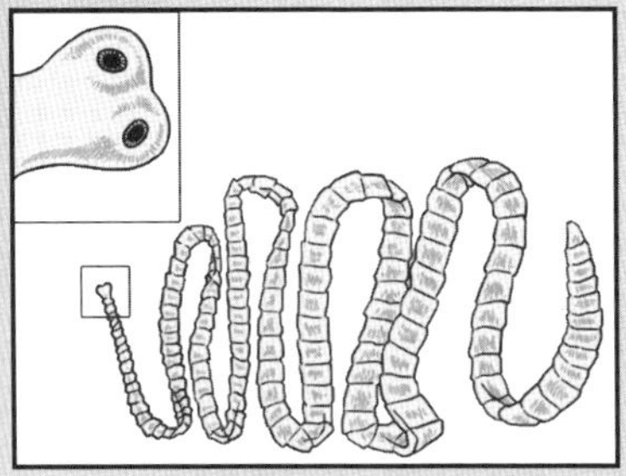

▶條蟲的頭部有吸盤，可以吸附在人類或動物的腸子。

▲條蟲是寄生在人類腸子中的寄生蟲，最長可達10公尺。主要感染原因是食用生豬肉等生的肉品。

稱為文明病的新疾病正在增加中！

時代變遷，人類的生活方式也跟著改變。經濟的發展、國際化的促進、大自然的陸續消失，造成飲食與生活節奏與過去大不相同。這樣的環境及生活改變，帶來了被稱為「文明病」的新疾病。

這些文明病泛指公害病、生活習慣病、職業病等，具體而言就是呼吸器官疾病（主要原因來自空氣汙染、工作環境等）、高血壓與動脈硬化（主要原因是卡路里攝取過量）、失眠與憂鬱症（主要原因是壓力等），諸如此類的疾病。

醫界也在持續研究心理諮詢與抗憂鬱藥物等治療方式，不過最重要的還是每個人要懂得預防文明病。首先要記住的就是早睡早起、飲食正常。

我睡不著！

▶文明病不僅會發生在成人，也會在孩子之間擴散蔓延。一起過著規律的生活吧！

感冒與流行性感冒哪裡不同？

感冒的原因 百分之九十以上是病毒感染

一般所謂的「感冒」是指受到病毒或細菌感染而引起發燒、咳嗽、打噴嚏、流鼻水、身體疼痛等症狀。這是由人傳染給人的傳染病；只要與患者呼吸同樣的空氣，或是用手拿沾染病毒與細菌的食物，就會被傳染。

另外還有一種是感染黴漿菌等細菌所引起的細菌型感冒（台灣稱「黴漿菌肺炎」）。

▶感冒是透過空氣和手的接觸傳染。利用漱口、洗手預防吧！

一般感冒有百分之九十以上都是病毒感染，有些人卻誤用抗生素治療感冒；抗生素是殺死細菌的藥物，病毒不是細菌，因此用抗生素無效。領藥時可向醫師請教。

流行性感冒為什麼比一般感冒可怕？

流行性感冒（一般簡稱「流感」）的病毒具有普通感冒病毒無法相比的危險性。一般感冒的症狀頂多是稍微發燒、咳嗽、流鼻水、喉嚨痛、拉肚子，流行性感冒則是發高燒、發冷，以及頭、關節、肌肉疼痛等嚴重症狀同時出現，更可怕的是會引發併發症。高齡者和嬰幼兒可能併發肺炎或腦炎，最糟糕的情況甚至會死亡。盛行於一九一〇年代後期、稱為「西班牙感冒」的流行性感冒，就曾在全球奪走五千萬條人命。

影像提供／日本國立傳染病研究所

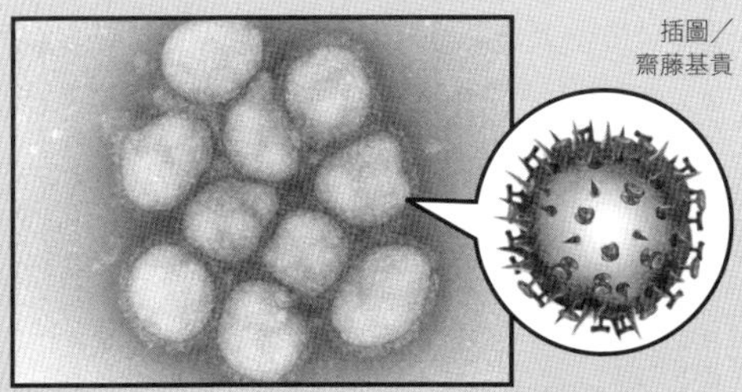

插圖／齋藤基貴

▲用電子顯微鏡看到的流感病毒。帶刺的外表能夠附著在人類細胞上增生，並且陸續殺死細胞。

新型流行性感冒如何產生？

可怕的流行性感冒一旦流行，就會出現疫苗（可參考一百一十五頁）。疫苗能夠協助預防與擊退流感病毒。但是，過去的疫苗對於新型流感無效，因此特別麻煩。流行性感冒分為A、B、C三型，B型和C型基本上只有人類會感染，但是A型能夠在各種動物身上交互傳染。據說新型流行性感冒就是經由彼此略有差異的A型病毒混合後產生。

特別專欄

光靠漱口與洗手，無法防治流行性感冒

預防感冒的基本做法就是漱口和洗手。但是，傳染性強的流行性感冒，光靠這兩招是無法預防的。最重要的是務必確實接種疫苗。雖然不是接種了疫苗就能夠百分之百防範，不過能夠大幅降低風險。

流行性感冒的傳染途徑

從禽流感誕生的新型流行性感冒，毒性特別強烈且危險。

與外敵戰鬥的防衛隊！白血球保護著我們

為了維持身體的體內平衡，有一種細胞肩負著對抗病毒等外敵的重要任務，這個細胞就是「白血球」。人類的骨頭是空心的，裡面充滿著稱為「骨髓」的液體，白血球就是由這裡製造出來的，並且在身體各個角落築起防衛系統，這個系統就稱為「免疫系統」。

白血球分為許多類型，各自負責不同的任務，有效保護身體。順便補充一點，感冒時發燒，就是免疫系統為了減弱怕熱的病毒所使出的手法。打噴嚏和流鼻水也是如此，這是為了盡可能將病毒逐出體外。

這就是免疫系統

①巨噬細胞出動

第一批與病毒戰鬥的細胞。會通知助手T細胞有敵人入侵。

②B細胞進行分析

與病毒接觸、分析病毒。得到的資訊會傳給助手T細胞。

③抗體產生

回應助手T細胞的命令，生產並發射能夠有效對抗病毒的抗體。

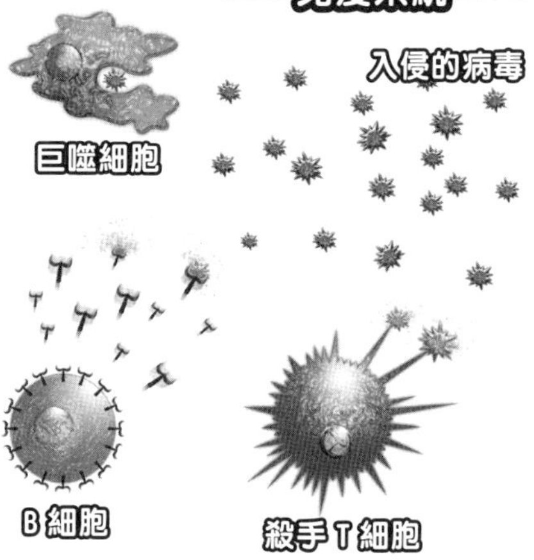

④殺手T細胞上場

直接攻擊病毒並逐步退敵的最強白血球。

插圖／齋藤基貴

免
免

預防疫苗的用途是整合防衛系統

在一百一十三頁中提過，疫苗是將病毒的毒性降低之後培養、製成的藥物。接種疫苗之後，免疫系統會收到病毒的資訊，體內就會產生抗體（用來破壞病毒的武器），等到病毒入侵時，身體已經做好萬全準備，隨時應戰。

以流感疫苗為例，接種後約兩週內，身體就會產生抗體，效果能夠持續約五個月。但是，如果該年度流行的流感類型預測錯誤，疫苗可能會沒有效果，這點希望各位記住。日本在夏季會觀察南半球冬季的流感情況，討論要製作哪一種疫苗。不過想要完全預測正確十分困難。

特別專欄

過敏其實是免疫系統過度反應造成

許多人苦於花粉症或氣喘等過敏反應，過敏產生的原因其實來自免疫系統。以花粉症為例，因為免疫系統誤將沒有毒性的花粉，當作危險敵人來發動攻擊，結果使得人類的眼淚和鼻水流個不停。

哈啾！
哈啾！

▲安心可靠的免疫系統，也有令人頭痛的一面……

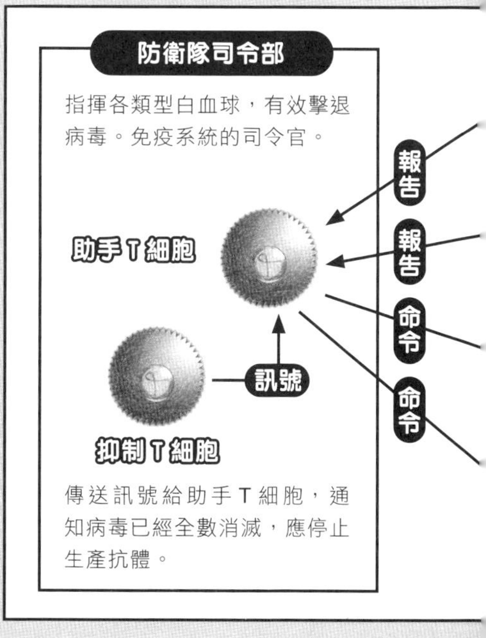
防衛隊司令部
指揮各類型白血球，有效擊退病毒。免疫系統的司令官。
報告
報告
命令
命令
助手T細胞
訊號
抑制T細胞
傳送訊號給助手T細胞，通知病毒已經全數消滅，應停止生產抗體。

讓佩羅死而復生

人體工廠探測燈Q&A

Q 二〇一一年日本女性平均壽命位居世界第二，那男性呢？

①第一　②第五　③第八

秋天的晴空，心情舒暢！
這樣的日子，真讓人雀躍不已。
大雄，你怎麼可以說那麼過分的話？
我家的佩羅，今天早上死掉了。
嗚啊啊～
人家正難過的時候，你還敢說你雀躍不已。
我又不知道這件事…
佩羅是在我還是嬰兒的時候，
來到我家的。

A ③第八。二〇一〇年日本女性是世界第一，男性第四。雙方排名皆下滑，據說是受到二〇一一年的311東日本大地震影響。

從那個時候開始，牠就是我最好的朋友。
為了我，即使犧牲生命，牠也毫不在乎。
但是佩羅死掉了。
好吧！
我會讓佩羅死而復活的。
咦？你是說真的嗎？
大雄，這種話你可不能隨便亂說啊！
我答應妳。
妳先等我一下。

人體工廠探測燈Q&A

Q 據說嬰兒分為溫和型、神經質型、慢條斯理型這三種基本類型。這是真的嗎？

因為靜香太可憐了，所以你可不可以想辦法幫幫她啊！
用你的力量。
你怎麼可以隨便答應人家!?
我怎麼可能讓死去的小狗復活呢…？
即使是我，能力還是有限度啊！
我這樣的拜託你……
真的沒有辦法嗎？
隨便想也知道啊！
如果我可以辦到的話，那麼地球上就會充滿生物。
你趕快去拒絕靜香吧！
眼科
她剛才還那麼開心。
靜香不知道會多麼失望。
真不知道該如何向她說明…

A 真的。情況當然因人而異，不過據說與生俱來的個性在長大後也不會有太大改變。

靜香，妳就放棄吧！
佩羅已經到天堂去了。
騙人，牠還會活過來的。
這是大雄跟我說的。
如果拜託哆啦A夢，一定會有辦法的。
我開不了口。
不管了啦！
我先暫時躲在家裡，盡量不要讓靜香看到我。
大雄好慢喔……
我去找他。
大雄！
她來找我了，該怎麼辦？

人體工廠探測燈Q&A

Q

20年前日本小學生與現在小學生相比，幾乎沒變的平均值是……？

①身高

②五十公尺跑步速度

③握力

A ③握力。平均身高變高了，五十公尺跑步的速度變慢了，不過不太受到飲食與生活習慣影響的握力，幾乎沒有改變。

對於任何病都有效的藥丸。
佩羅早就死了，這個藥丸哪有用啊？
所以我們要在牠死之前給牠吃下去。
用「時光機」回到昨晚的世界……
那時的佩羅還活著。
快一點。
回到昨晚十二點左右。
現在是昨天晚上。

我先跟你說，藥丸有可能會沒效喔！
總之，先試了再說。
已經超過十二點了。
佩羅沒事的，妳趕快去睡覺吧！
不要，佩羅看起來好像很痛苦的樣子。
嗚嗚……
你怎麼了？不舒服嗎？
佩羅，對不起！
我什麼忙也幫不上，真對不起。
靜香在牠旁邊，很難下手耶！
咦？

人體工廠探測燈Q&A

Q 免疫系統能夠保護身體遠離病毒。老了之後，免疫系統則會攻擊健康的細胞。這是真的嗎？

A

真的。上了年紀後，細胞也會漸漸變得與年輕時不一樣。免疫系統會誤以為改變的細胞是外敵，因此展開攻擊。

三更半夜偷窺人家的屋內，行跡可疑……
不，我們是有原因的。
總之，請你們跟我到警察局去。
※飛走
等事情結束，我們就放你下來。
趕快去睡覺吧！
趁現在。
趕快！
嗚嗚嗚……
佩羅乖乖聽話，我給你好東西吃。
塞入
※昏厥

佩羅死掉了!?
你開什麼玩笑啊!?
牠只是睡著而已，病治好的話，明天就會醒來。不行的話，就會永遠沉睡……
我們已經盡力了。
我們回到原來的時間去吧！
你們去哪裡了？我等了好久！
佩羅還是死掉了嗎？
你在說什麼啊!?是你說要讓牠死而復生的耶！
一定會治好的。
是你答應我的！一定要治好！
昨天晚上的藥不知道有沒有效？
我也不知道。
只能祈禱了。

人體工廠探測燈Q&A

Q 為了慶祝長壽，日本以前稱88歲為米壽，99歲為白壽。那80歲呢？ ①還曆 ②喜壽 ③傘壽

汪汪
汪汪
汪汪！
佩羅…？
佩羅！
今天真的是讓人感到心情舒暢的日子。
就像是讓人想盡情的翱翔在秋空中的美好日子！

A ③傘壽。米壽是因為八十八拼起來像「米」；白壽是「百」字差一步，因此稱為白，傘壽是因為傘的簡體字看起來像八十。

人類會長大變成大人，最後逐漸老去

人類約耗費二十年讓身體成長，並耗費一生讓心靈成長

每個人剛生下來時都是嬰兒，身體會按照基因（可參考一百五十三頁）的設計圖逐漸成長。日本人出生時的平均身高約為五十公分，體重約三公斤。由此開始到二十歲左右，身體差不多成長完成，此時男性的平均身高約是一百七十二公分，體重約六十八公斤；女性約一百五十九公分，體重約五十一公斤。接下來則是藉由訓練等增強肌肉。到了三十歲左右，以此為分界，身體機能開始衰退，身體會逐漸老化。

人生發展使命八階段

※年齡只是參考值。

①嬰兒期（0～2歲）
透過與父母親或家人以及四周其他人的交流，培養信任感。

②幼兒前期（2～4歲）
運用自我意志、自我方法採取自己的行動。這是自我獨立的第一步。

③幼兒後期（5～7歲）
以幼兒前期所養成的獨立意識為基礎，將行動完成。

④兒童期（8～12歲）
開始熱衷於學習許多事物，變得積極。

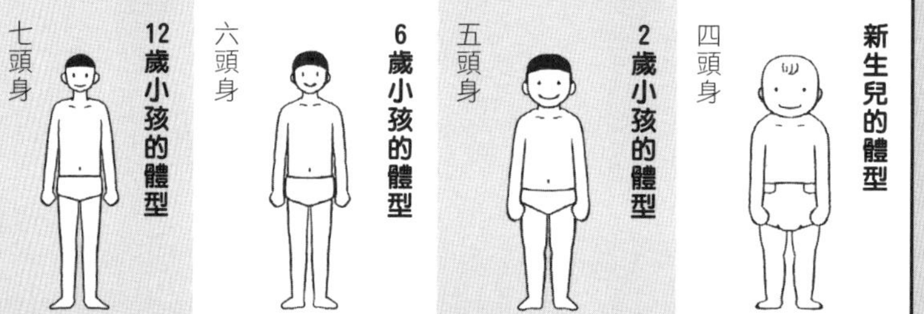
新生兒的體型
四頭身
2歲小孩的體型
五頭身
6歲小孩的體型
六頭身
12歲小孩的體型
七頭身

另一方面，人類窮極一生都在促使其成長的，則是心靈。活躍於二十世紀的美國心理學家艾瑞克．艾瑞克森，根據年齡將人生分為八個階段，每個階段都有必須達成的心靈使命（稱為「發展使命」。詳情可參考下圖）。人類藉由達成每項使命，開始擁有自己的想法，並加深與他人親密接觸的連結，最後得以幸福變老。相反的，如果無法順利完成使命，就會產生「不信任感」、「羞恥心」、「罪惡感」、「自卑感」等情緒。

你現在幾歲？挑戰你應該面對的發展使命吧！

特別專欄

為什麼會發生兩次叛逆期？

人在過了兩歲時，會開始第一次叛逆期；在十二至十五歲時，會面對第二次叛逆期。這種時候會反抗父母親、強烈敵視大人，家長和當事人都很痛苦；不過反抗與敵視也是希望對方認同自己，因此叛逆期是獨立與自我形成上不可或缺的過程。

▶在叛逆期好好耍叛逆很重要。

心理學家艾瑞克森主張的

⑤ **青年期（13～22歲）**
自己心中已經有清楚的想法，化為行動展現給旁人看。

⑥ **成人前期（23～34歲）**
加深與其他人的關係、親密程度，能夠培養愛情與體貼。

⑦ **成人期（35～60歲）**
養育孩子或投入工作，以大人的姿態參與社會活動。

⑧ **成熟期（61歲以上）**
回顧自己的人生，帶著滿足的情緒做好面對死亡的準備。

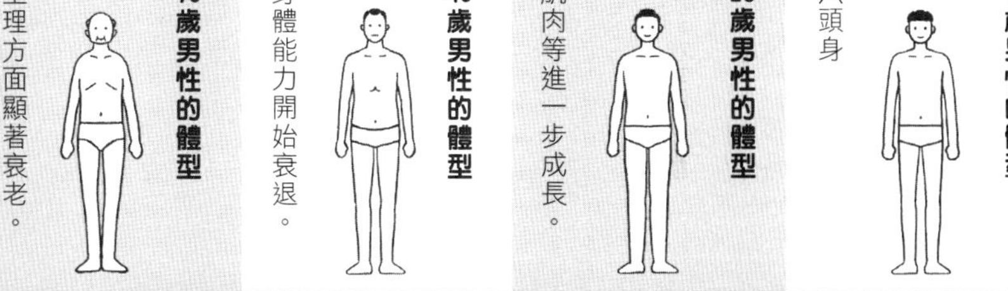

18歲男性的體型
八頭身

25歲男性的體型
肌肉等進一步成長。

40歲男性的體型
身體能力開始衰退。

70歲男性的體型
生理方面顯著衰老。

人爲什麼會老？——認識老化的原理

生長激素的分泌從二十五歲左右逐漸減少？

為什麼人到了三十歲左右，身體就會開始衰老？其中一個原因是，生長激素減少了。身體成長不可或缺的生長激素是由腦下垂體製造，在幼年時期和青少年時期會大量分泌，但是到了二十五歲左右就會開始逐漸減少。生長激素一減少，就會陸續出現下列這些老化現象。

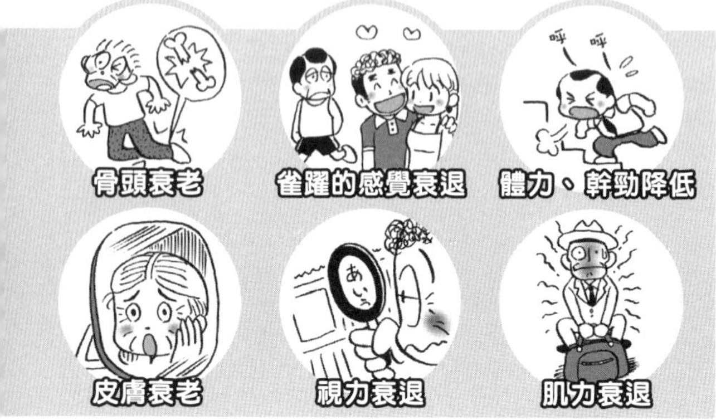

人類細胞分裂的極限是五十次？

人類的細胞每天都會重生。細胞會在固定時期分裂，以新細胞替換舊細胞，藉此保持人類健康。但是，這個細胞分裂的次數，其實只有五十次。細胞核裡面有裝滿基因資訊的「染色體」，每次發生細胞分裂時，染色體末端稱為「端粒」的部位就會縮短，然後進行了五十次細胞分裂後，端粒就會消失，細胞將無法再行分裂。據說這就是老化及壽命有限的最大原因。

▼X形狀的是染色體。位在末端的「端粒」在每次細胞分裂之後會縮短。

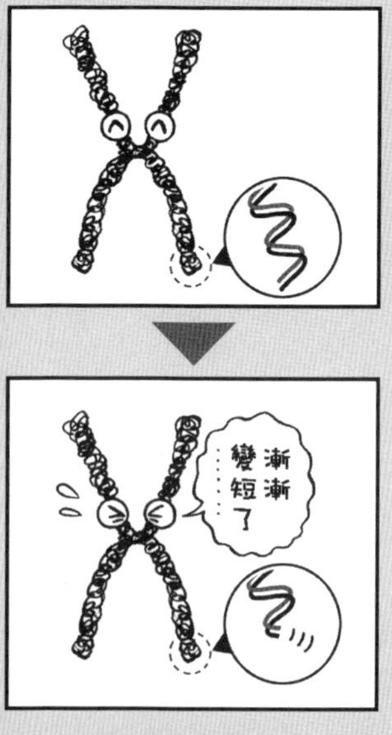

活性氧造成細胞氧化！

細胞氧化、生鏽，就是造成身體持續老化的原因。氧化的原因是活性氧（或稱自由基），意思是氧氣因為空氣汙染、電磁波、放射線、紫外線等，以及體內吸收的物質影響而產生變化。抽菸、精神方面的壓力都會增加體內的活性氧。

活性氧是與現代社會密切相關的物質，在日常生活中很難完全避免。不過攝取具有抗氧化效果的食物或營養補給品（健康食品），據說能夠減少體內的活性氧。

過胖要小心！會加速老化喔！

過度肥胖也會提早老化。身體處於肥胖狀態表示體內容易產生活性氧。另外，一旦肥胖，運動量自然會減少，結果導致肌肉提早衰老，罹患糖尿病、高血壓、動脈硬化等疾病的風險也就會相對提高，當然也必須擔心膽固醇的問題。

特別專欄

人爲什麼會禿頭？頭髮爲什麼會變白？

禿頭的原因

上了年紀之後，陸續會有人開始煩惱頭髮稀疏的問題。原因之一是年紀大了之後，毛根裡產生的 DHT 物質與男性荷爾蒙結合，就會製造出 TGF-β1 這個物質，阻礙新頭髮長出來。

頭髮變白的原因

台灣人以及日本人等黃種人的頭髮大都是黑色，因為裡頭有許多稱為麥拉寧的褐色色素細胞。但是這個色素細胞無法複製，而且會隨著年齡增長逐漸減少。因此上了年紀之後，白頭髮會增加。

人類的壽命有多長？

那時的
佩羅
還活著。

人類的生理壽命據說大約是一百二十歲

根據二〇二一年的資料來看，日本人的平均壽命，女性是八十五．九歲，男性是七十九．四四歲。相較於五十年前大約延長了十五年。這是因為醫療環境與飲食生活改善的關係。那麼，人類的生理壽命極限是幾歲呢？目前世界上最長壽的紀錄是一百二十二歲，因此最有力的說法是大約一百二十歲。但是也有說法認為腦細胞的壽命可達到兩百五十年。也許人類壽命將會因為今後的研究而延長。

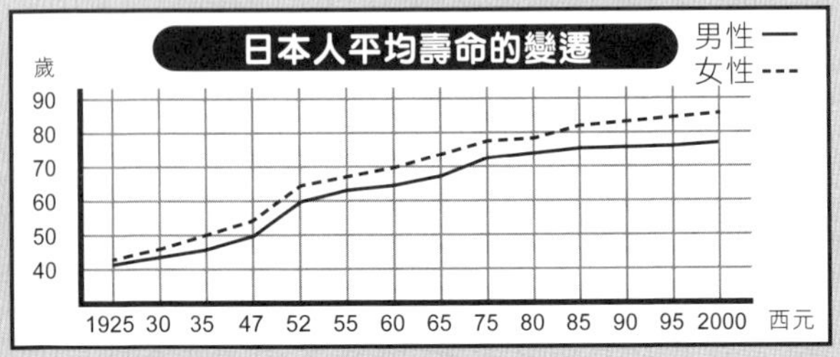

日本人平均壽命的變遷
男性 —
女性 ---
歲
90
80
70
60
50
40
1925 30 35 47 52 55 60 65 75 80 85 90 95 2000
西元

何謂對抗老化的四大方法？

每個人都無法避免老化，但是有方法能夠活得更久、更健康，其中一個方法就是運動。上了年紀之後如果能持續運動鍛鍊身體的話，不但可以增加肌肉量，也能夠提升體力。只要體力能夠維持，自然能夠保有活力。接著是減肥避免肥胖。第三個是攝取營養補給品。前面已經提過，健康食品有助於保護身體遠離活性氧。最後一個方法稱為「逆齡」，攝取生長激素就是其中一種方法。有人已經開始嘗試從體外攝取二十五歲起就逐漸減少分泌的生長激素，希望藉此保持年輕。

不同年齡層 100 公尺賽跑的日本紀錄

七十歲以上
成人
小學生
11.73秒
10.00秒
14.06秒

只要經過訓練，七十幾歲也能夠創下如此驚人的成績。

胖虎是個乖寶寶

又來了。
沒錯。
為什麼我的朋友都是愛欺負人的壞蛋。
如果你能更堅強就好了。
是他們不好。
我想要更好的朋友。
這裡是二十二世紀的百貨公司。您的貨物已送達，謝謝您的惠顧。
ドン
※咚
?
你訂了什麼？

人體工廠探測燈Q&A

Q 人類胎兒的心臟是從懷孕第幾週開始跳動？

①第5週 ②第15週 ③快要生產時

A

①第5週。懷孕大約到了第5週時，胎兒的身高長到了2至3公分，腸胃和肝臟等已經成形，心臟也開始跳動。

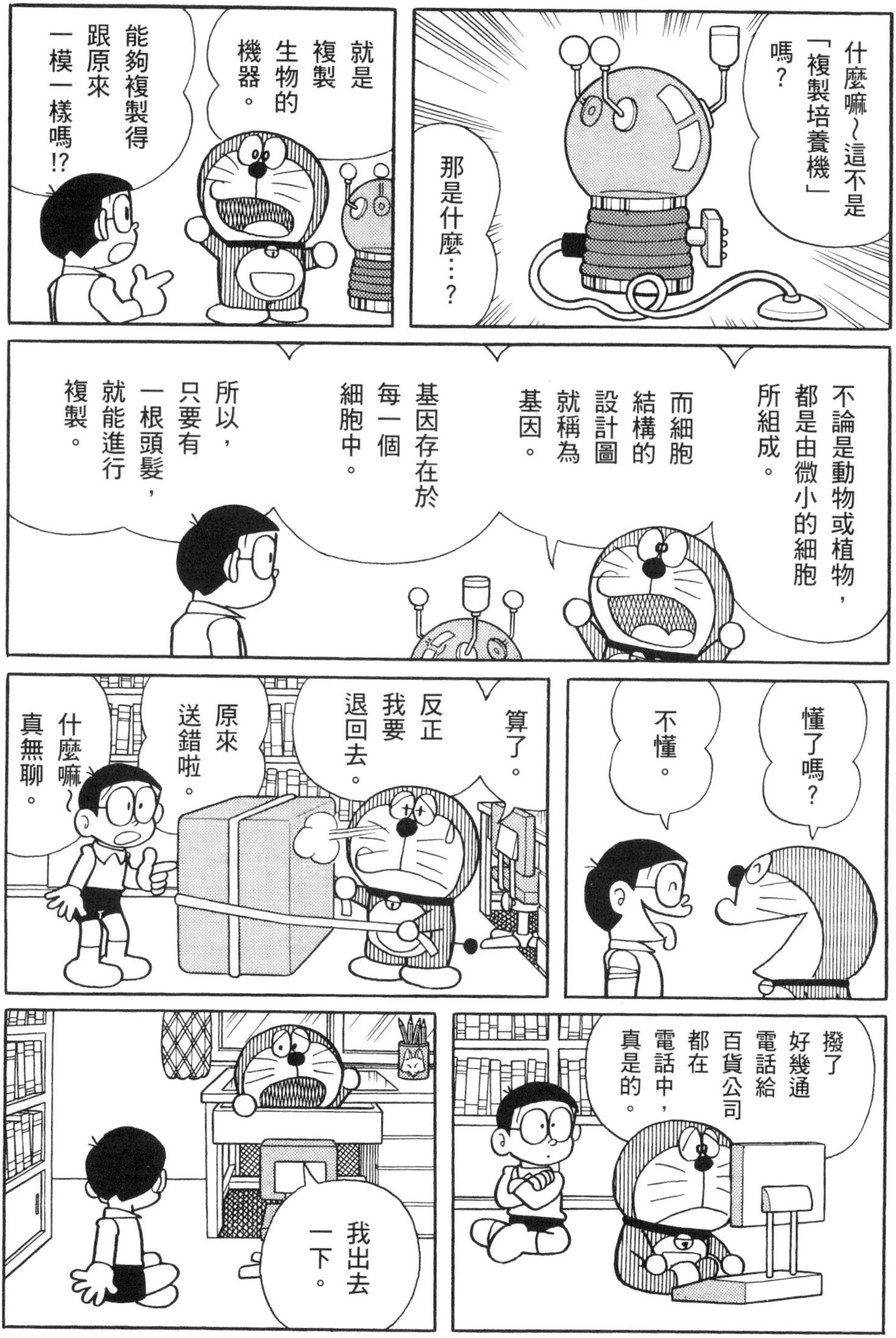
什麼嘛～這不是「複製培養機」嗎？
那是什麼…？
就是複製生物的機器。
能夠複製得跟原來一模一樣嗎!?
不論是動物或植物，都是由微小的細胞所組成。
而細胞結構的設計圖就稱為基因。
基因存在於每一個細胞中。
所以，只要有一根頭髮，就能進行複製。
懂了嗎？
不懂。
算了。
反正我要退回去。
原來送錯啦。
什麼嘛～真無聊。
撥了好幾通電話給百貨公司都在電話中，真是的。
我出去一下。

好像挺有趣的。至少先玩一下再還……
對了!!
暫時借來玩吧。
我們公司送錯貨物了……
哆啦A夢拿回去了。
謝謝。
來拿了嗎？
來了。
※拔
※沙
※拔
ピ
サッ
ピ

人體工廠探測燈Q&A

Q 人類胎兒在懷孕第15週左右，會像嬰兒一樣吸吮手指。這是真的嗎？

?
?
各拿到一根頭髮了。
喂～哆啦A夢。
給我之前曾經使用過的那個「壁紙屋」。
你要做什麼？
做好事。
裡面好寬敞喔。

A 真的。第15週左右，胎兒已經長到15公分、體重約120公克，手腳已經開始有許多動作了。

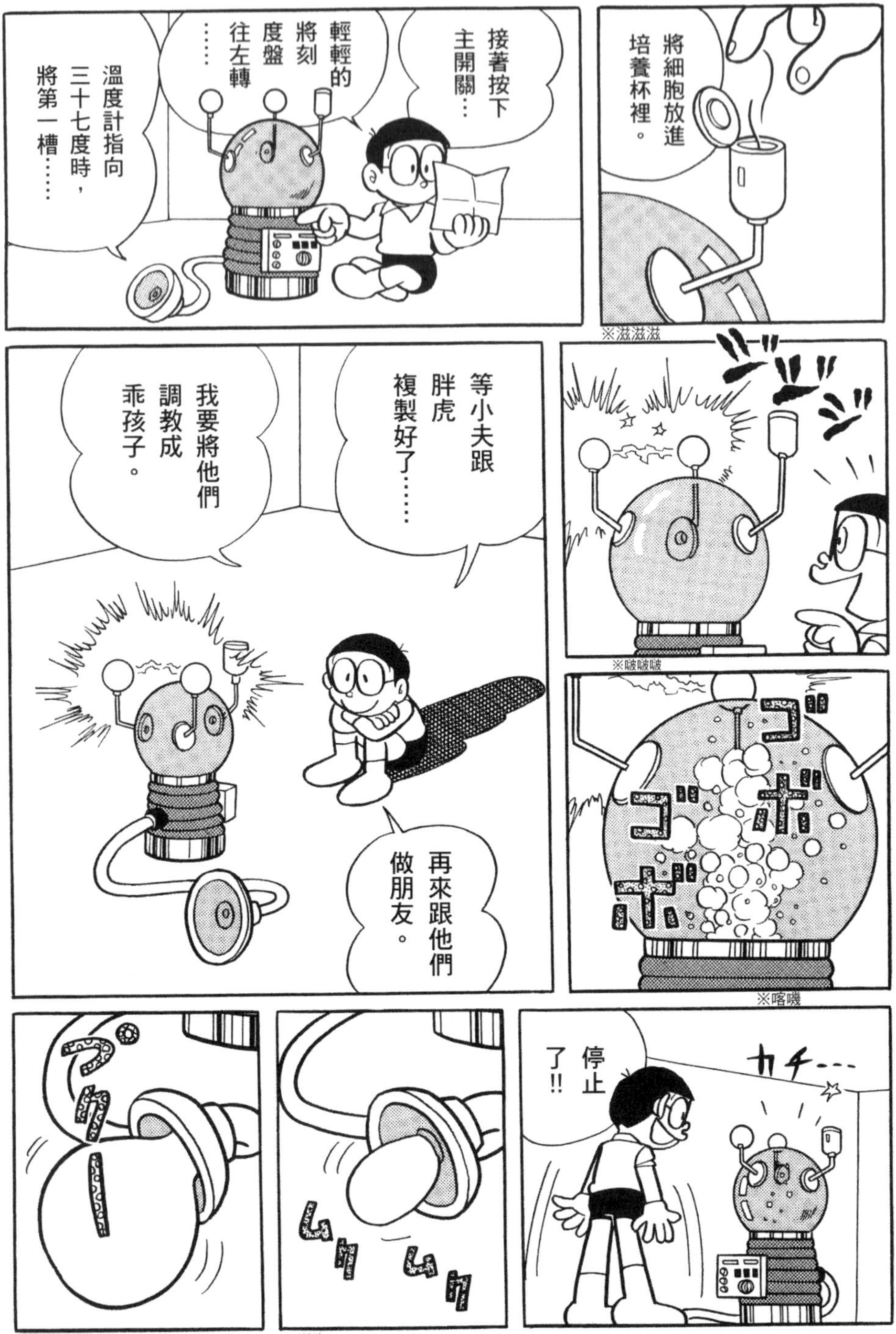
將細胞放進培養杯裡。
※滋滋滋
接著按下主開關……
輕輕的將刻度盤往左轉……
溫度計指向三十七度時，將第一槽……
※啵啵啵
※喀嘰
等小夫跟胖虎複製好了……
我要將他們調教成乖孩子。
再來跟他們做朋友。
停止了!!
※增生
※膨脹

人體工廠探測燈Q&A

Q 胎兒成長的營養來源是？①像蛋一樣有蛋黃提供營養 ②來自母親

A

②來自母親。母親血管裡的氧氣和養分會透過胎盤，輸送到胎兒的血管裡。因此懷孕時最好停止抽菸、減少喝酒。

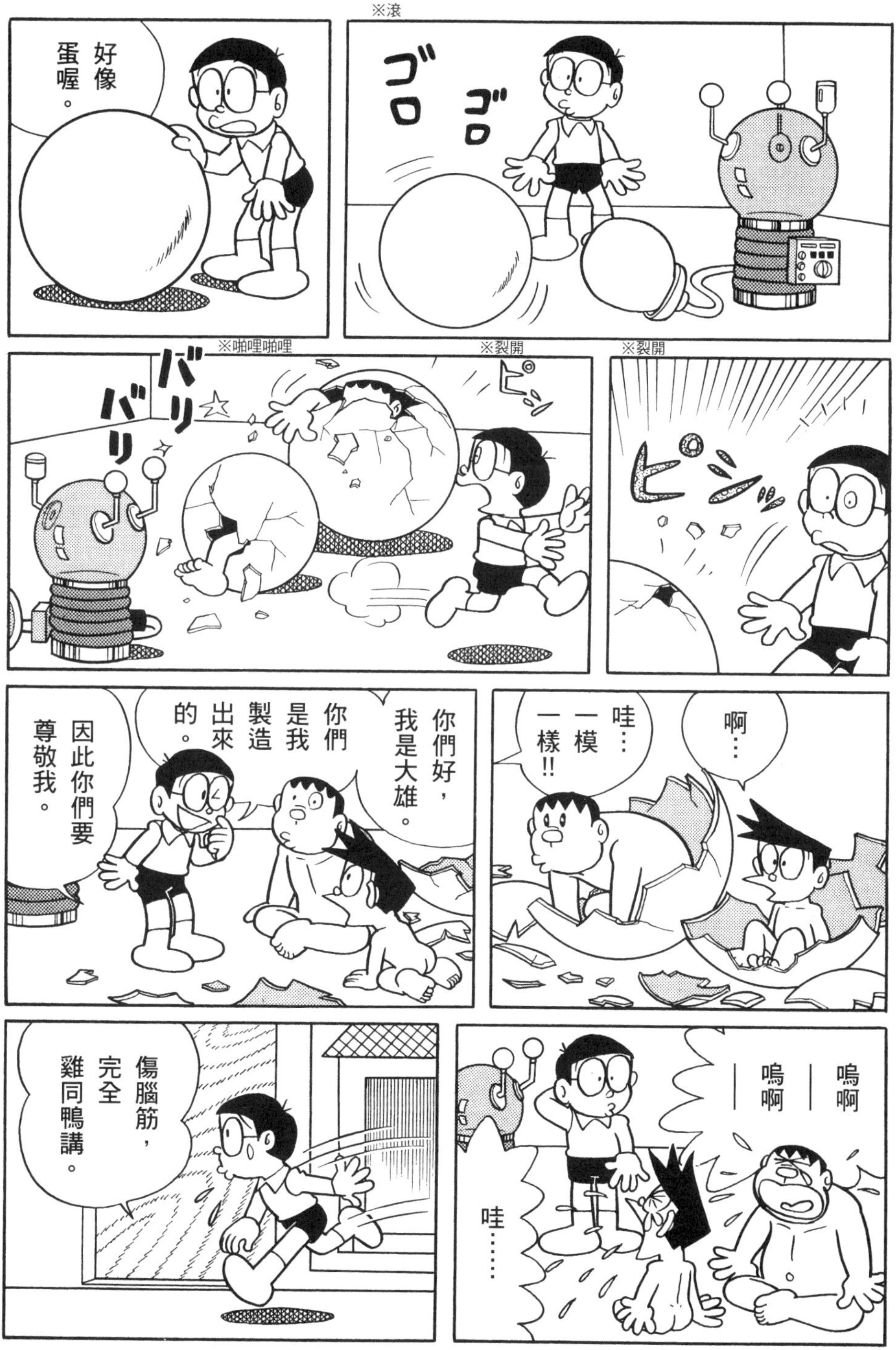

※滾
ゴロ
ゴロ
好像蛋喔。
※裂開
ピン
※裂開
ピ
※啪哩啪哩
バリ
バリ
啊……
哇…一模一樣!!
你們好，我是大雄。
你們是我製造出來的。
因此你們要尊敬我。
嗚啊
嗚啊
哇……
傷腦筋，完全雞同鴨講。

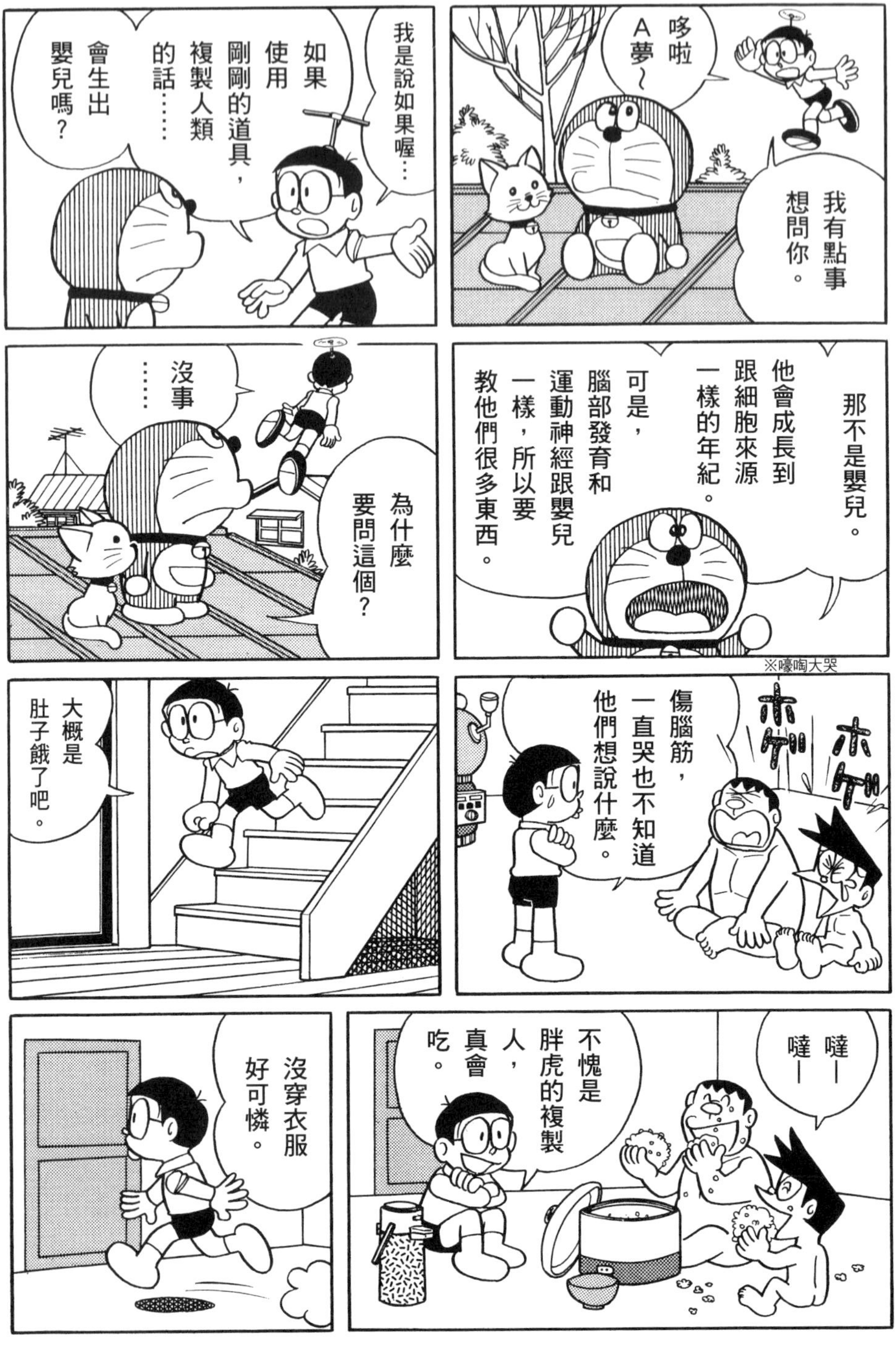
哆啦A夢～
我有點事想問你。
我是說如果喔……
如果使用剛剛的道具，複製人類的話……
會生出嬰兒嗎？
那不是嬰兒。
他會成長到跟細胞來源一樣的年紀。
可是，腦部發育和運動神經跟嬰兒一樣，所以要教他們很多東西。
為什麼要問這個？
沒事……
※嚎啕大哭
傷腦筋，一直哭也不知道他們想說什麼。
大概是肚子餓了吧。
嗟ー嗟ー
不愧是胖虎的複製人，真會吃。
沒穿衣服好可憐。

人體工廠探測燈Q&A

Q 哺乳類之中會生蛋的是下列何者？①穿山甲 ②鴨嘴獸 ③水獺

A ②鴨嘴獸。鴨嘴獸生活在澳洲東部與塔斯馬尼亞省。卵生的哺乳類動物只有鴨嘴獸和針鼴。

先讓他們穿我現有的衣服。
大雄!!
廚房的食物莫名其妙不見了。
因為我肚子實在太餓了……可能午覺睡太多……
應該不是養了狗、貓…還是恐龍吧？
絕對沒有。
拿這些衣服要做什麼？
天氣這麼好，拿去洗一洗吧？
傷腦筋～
要讓他們吃飯、穿衣……該怎麼辦？
以後的日子還很久。
找哆啦A夢商量好了。
可是我亂碰道具，他一定會很生氣的。

※哭聲嘹亮
我就知道，絕對有問題!!
我很會模仿小孩子的聲音吧？
趕快拿到隱密的地方去。
這裡應該會好一點。
哇——偷尿尿。
為什麼不乖乖去廁所……說、說了也是白說。

人體工廠探測燈Q&A

Q 人體的細胞約有60兆個。當中沒有DNA的是？①骨細胞 ②脂肪細胞 ③紅血球

A ③紅血球。專門負責運送氧氣的紅血球是特殊細胞，在成長過程中，拋棄了帶有DNA的細胞核等胞器。

對了！
借我「壁紙廁所」，
「壁紙餐廳」跟「壁紙服飾店」還有……
服飾店、餐廳、玩具店，應有盡有…
トイレ
想要什麼隨時都有。
抱抱…抱抱…
背背…背背…
天真無邪，好可愛喔。
哇啊。

你們看，這個很好玩喔。
這是「壁掛電視」。
看得好入迷。
這樣就能學會說話了吧。
※搥背
養小孩還真辛苦。
好難得!!
タン
トン
タン
不知道他們倆有沒有乖乖的？
再見！
偷・尿・尿。
？
？

人體工廠探測燈Q&A

Q 人類細胞核裡的DNA長度是……？

① 1~2公釐 ② 1~2公分 ③ 1~2公尺

A ③ 1～2公尺。DNA連接起來的長度約1～2公尺。像繩子一樣的DNA全部裝在不到0.1公釐的細胞核裡。

你回來啦，來玩吧。
待會。
作業呢？
等一下。
真想趕快撫養長大，當我的朋友。
哇！大雄來了。
會講話啦!?
大雄跟我玩。
要叫我「大雄哥哥」，記好囉！
今天起教大家唸書。
你們現在就讀「壁紙小學」的一年級。
閃閃發亮的一年級。

讀書是很困難的。
要好好聽老師的話。
偷懶的話就罰站!!
嘻嘻~
我早就想這樣臭屁一下了。
ㄅ、ㄆ、ㄇ、ㄈ。
ㄅ、ㄆ、ㄇ、ㄈ
ㄅ、ㄆ、ㄇ、ㄈ。
5+3=
我知道，答案是八。
學得真快。
6X7=67
好像錯了。
這個很困難。
仔細看老師示範喔。
※咚
※跳躍
ドサ

人體工廠探測燈Q&A

Q 「染色體」是因為必須利用其他物質染色才能看見，因此稱為染色體。這是真的嗎？

A 真的。在一般狀態下無法清楚看見，不過細胞分裂時利用鹼性染料染色後，就能夠清楚看見其全貌。

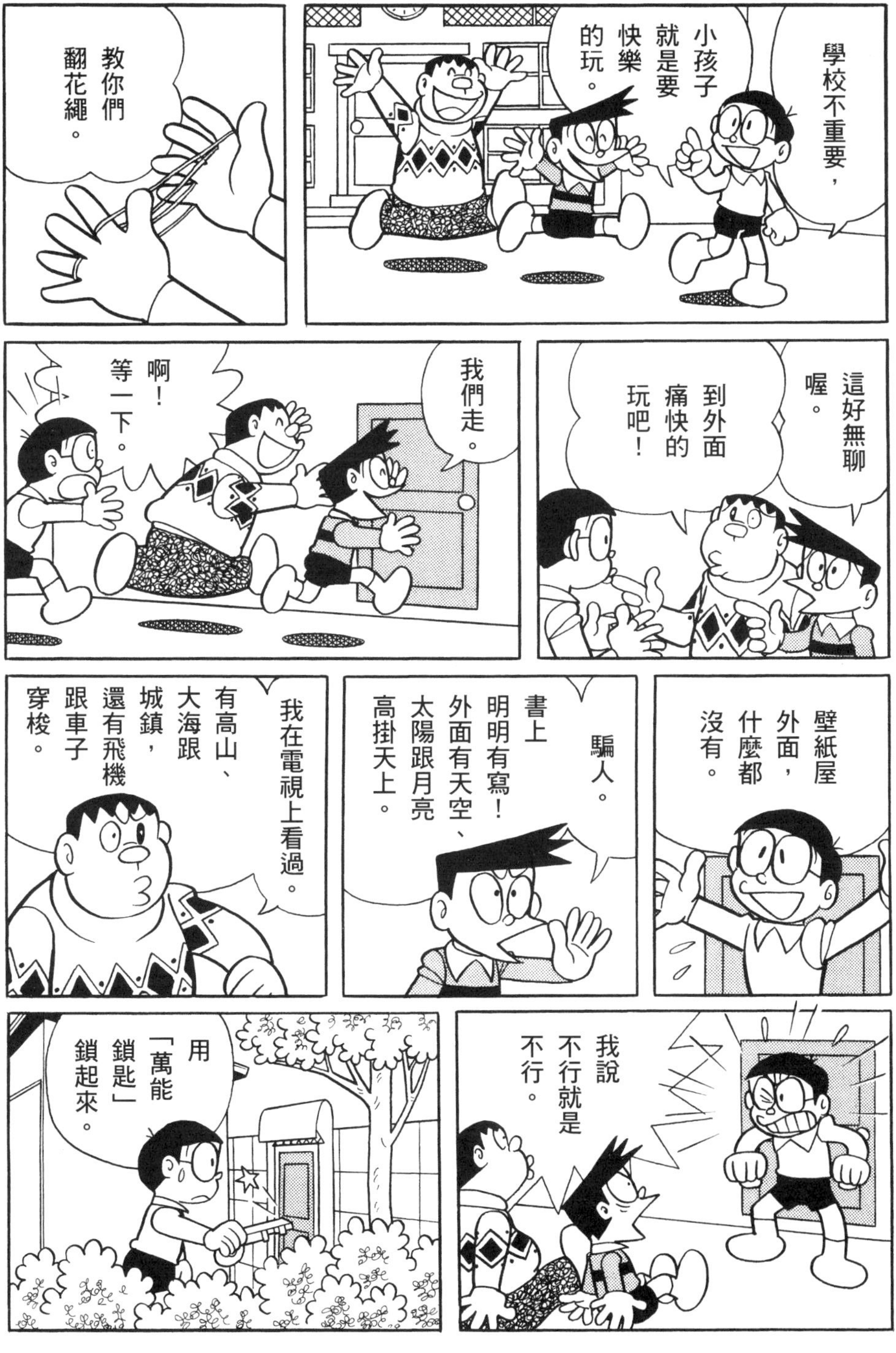
學校不重要，
小孩子就是要快樂的玩。
教你們翻花繩。
這好無聊喔。
到外面痛快的玩吧！
我們走。
啊！等一下。
壁紙屋外面，什麼都沒有。
騙人。
書上明明有寫！外面有天空、太陽跟月亮高掛天上。
我在電視上看過。
有高山、大海跟城鎮，還有飛機跟車子穿梭。
我說不行就是不行。
用「萬能鎖匙」鎖起來。

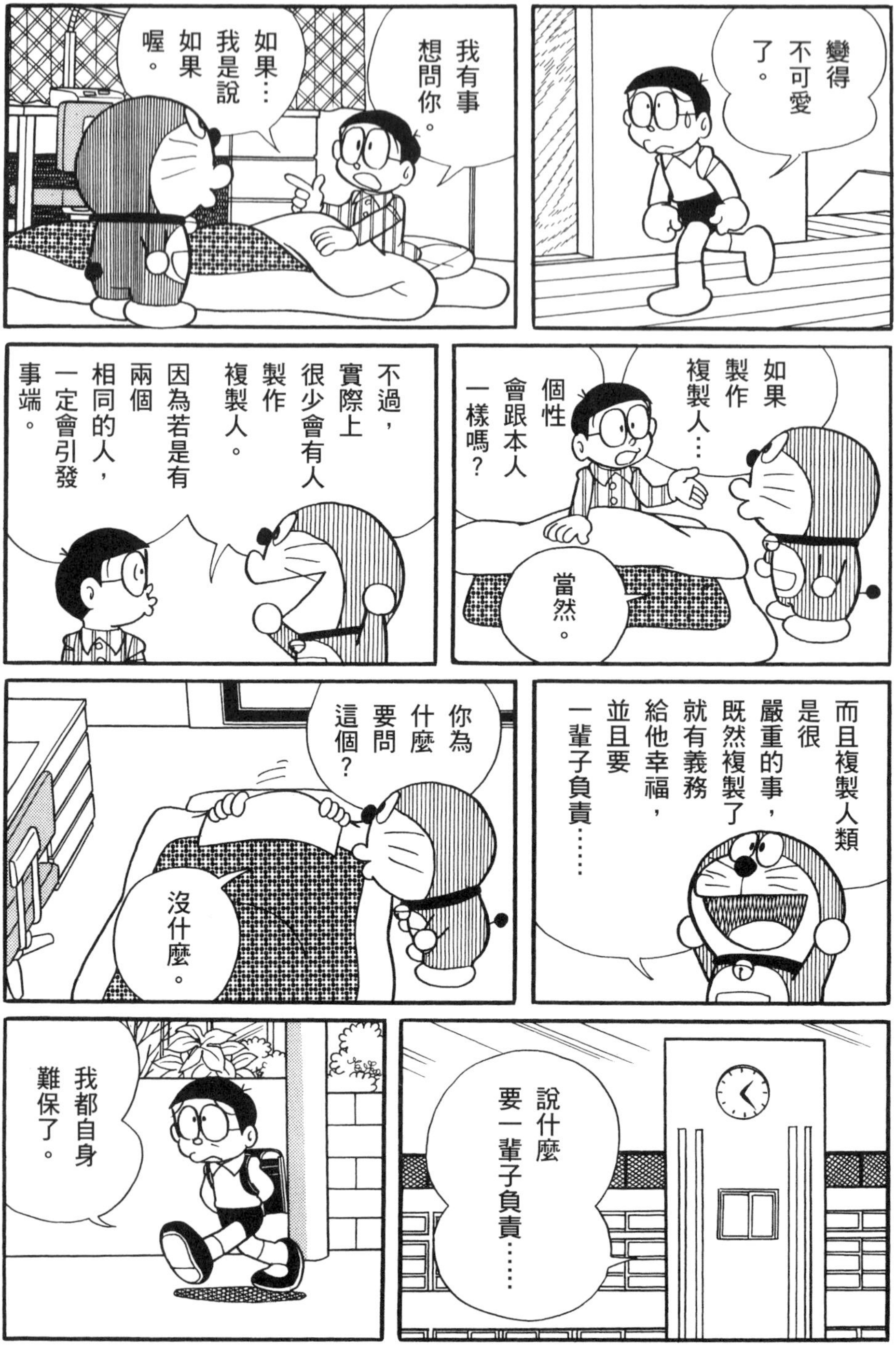

變得不可愛了。
我有事想問你。
如果……我是說如果喔。
如果製作複製人……
個性會跟本人一樣嗎？
當然。
不過，實際上很少會有人製作複製人。
因為若是有兩個相同的人，一定會引發事端。
而且複製人類是很嚴重的事，既然複製了就有義務給他幸福，並且要一輩子負責……
你為什麼要問這個？
沒什麼。
說什麼要一輩子負責……
我都自身難保了。

人體工廠探測燈Q&A

Q 只有男性才有的性染色體「Y染色體」比X染色體小。這是真的嗎？

A 真的。大約三億年前，哺乳類祖先身上出現了Y染色體。人類的X染色體有一千零九十八個基因，不過Y染色體只有78個。

給你機會打球。
三振出局！
笨蛋，搞什麼鬼啊!!
居然說是我害大家輸的。
還不是你們找我去的!!
※砸
打棒球吧！
棒球要有十八個人才能打!!
我們在玩具店找到發球機。
這樣就能玩三人棒球了。

我討厭棒球!!我要玩翻花繩!!
擺架子。
真囂張。
連加法都不會。
也不會跳箱。
ポカ
※揍
你敢打我!!
我才不會輸給你呢!
居然上鎖!?
把門打破!!

人體工廠探測燈Q&A

Q 人類DNA約三十億個鹼基中，具基因功能的有多少？①不到5% ②50% ③超過90%

※碰碰碰
ドカン
ドカン
你在做什麼？
什麼～～!?
快想想辦法！
怎麼想啊!?
能有什麼辦法!!
怎麼樣都打不開啊。
沒有大砲或戰車嗎？
那是什麼？
我從以前就注意到了。
※滋滋
ジジジ
※喀嘰
カチッ
只能跟他們談判了。
讓他們搬到別的星球去。
不知道他們願不願意。

A ①不到5%。人類基因體有95%以上用途不明，不過雖然不是當作基因使用，仍有可能是用來協助基因進行調整。

?
不見了……
ゴボゴボ
※叩隆叩隆
啊……按到取消鈕了。
※接上
變成原來的頭髮了。
ピピ
我把頭髮種回去了。
下次別再亂來了!!
我知道了。

留下子孫、延續生命的機制

什麼嘛～這不是「複製培養機」嗎？

爲了生育、養育孩子而形成的身體構造

　男性和女性的消化器官、呼吸器官、感覺器官等身體構造幾乎都一樣，不過有個差異最大的部分，就是生殖器官。地球上剛有生命誕生之初，生物只是利用單純的分裂一分為二，藉此延續生命。後來多細胞生物出現，在持續演化的過程中，分裂出男性與女性（雄性與雌性）兩種性別，並且能夠透過生殖留下自己的子孫。身體為了傳宗接代所做的準備就是生殖器官。

　小孩因為男性的精子與女性的卵子結合（受精）而誕生。男性擁有的睪丸等生殖器官具備製造精子的功能。相對來說，女性的卵巢、子宮等除了製造卵子之外，還有在體內培育受精卵子（受精卵）的功能。受精卵在子宮裡反覆進行細胞分裂，逐漸成長為胎兒。就像這樣，男性與女性在延續生命的工作上負責的任務不同，因此生殖器官的構造也不一樣。

　男性與女性的差異並非只有生殖器官的不同。女性的乳房會隨著身體成長而發育，到了快要生產時，就會分泌乳汁，提供嬰兒營養。男性雖然也有乳房，但是通常沒有發育。除了乳房之外，肌肉和脂肪量、體毛的濃密程度等，雖然男女都擁有同樣的構造，不過在外型特徵上卻有差異。另外，壽命和腦活動區等也是男女有別，這樣的差異是因為受到體內分泌的性荷爾蒙影響。循環於體內的男性、女性荷爾蒙會發揮作用，使得女性成長得更像女性，男性更像男性。

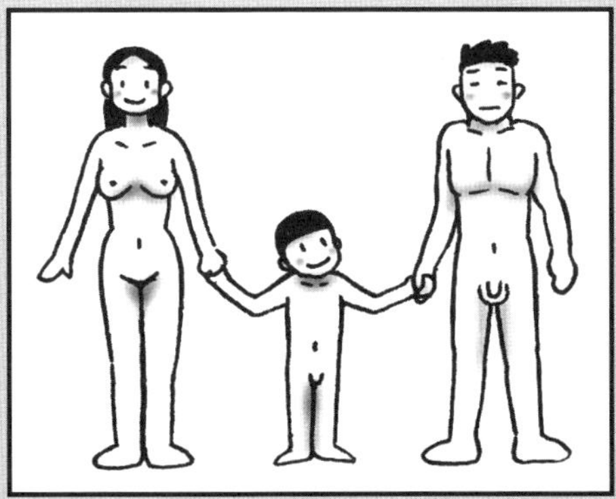

◀男性和女性的身體有別，是因為他們在留下子孫這件事情上，肩負著不同的任務。

包括人類在內，多數生物都有性別之分，爲什麼？

除了人類之外，還有許多生物都有雄性與雌性的分別。為什麼要分男女（雌雄）呢？單細胞生物、水母等原始生物利用自體分裂留下子孫，以這種方式延續生命，孩子會完全繼承與父母相同的外型與性質。相反的，有雌雄之分的生物，下一代的子孫則會擁有父親和母親混合形成的新特徵。在同樣的生物集團裡，如果子孫擁有許多不同特徵，即使環境有了改變，也比較有機會存活下來，不會全數滅絕，適應新環境的可能性也會相對提高。另外，經常留下有新特徵的子孫，或許就會出現能夠打倒疾病等外敵的子孫。也就是說，有性別差異就能夠留下具備各種特徵的子孫，該生物也能夠產生演化的新力量。

有性別之分的生物大部分都是分為雄性和雌性這兩種，不過原生動物擁有的性別類型卻更多樣；這是為了能夠與不同性別的對象結合，增加與其他對象相遇的機會，也比較容易留下子孫。

另外，還有一種生物會更有效的利用邂逅機會，執行繁殖策略；這種生物同時具備雄性與雌性的能力，屬於雌雄同體。就像多數植物的花朵上同時擁有著雄蕊和雌蕊，軟體動物當中的蝸牛、海蛞蝓、蚯蚓等也都是一個身體裡同時擁有睪丸和卵巢，也就是說，這些個體既是雄性也是雌性。牠們當然無法自體受精，不過可以增加遇到繁殖對象的機會，並且利用讓彼此都受精的方式，留下更多的子孫。

由此可見，生物也會配合環境進行多樣化的演化呢！

◀蝸牛是雌雄同體。對於行動範圍小的生物來說，雌雄同體才能夠增加繁殖機會。

為了延續生命而存在的設計圖 DNA是什麼？

精子與卵子受精，能夠讓生命得以由下一代延續下去。不過「子孫繼承父母親的特徵」是什麼意思？

人類的身體是由大約六十兆顆細胞組成。每顆細胞裡有細胞核，細胞核裡有染色體。染色體是由形狀類似兩根交纏繩子的DNA（去氧核糖核酸）所構成。

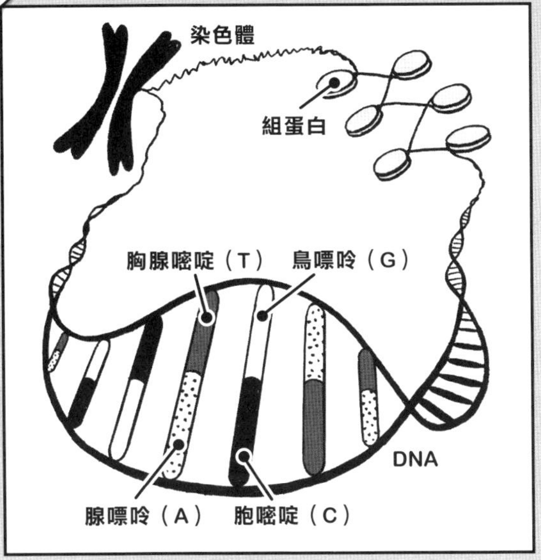

▲細胞核裡的染色體（左上）。DNA是染色體上宛如兩根螺旋狀繩子的分子。

DNA是「生命的設計圖」，裡頭充滿了關於生物的外型樣貌、性質等所有的資料。印刻在DNA上的資訊會成為建立人類身體外觀的基因。

細胞中有二十三對，也就是四十六條染色體；精子中有來自父親的二十三條染色體，卵子有來自母親的二十三條染色體，最後透過受精，小孩繼承來自父母雙方的DNA。

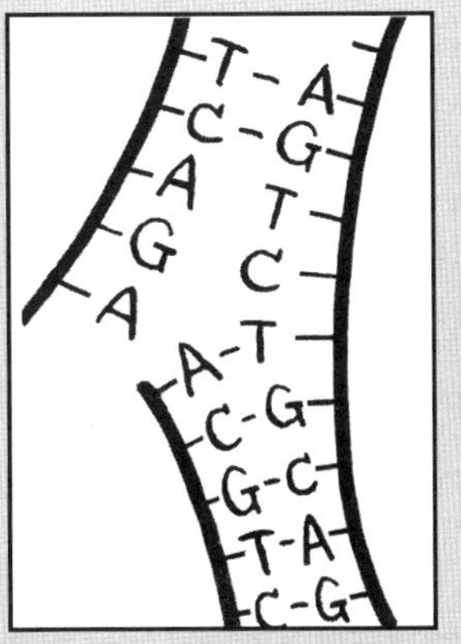

▲DNA裡有四種鹼基成雙排列。

特別專欄

DNA的作用

DNA的外型就像兩根扭轉成螺旋狀的繩子彼此平行延伸。兩根繩子之間有4種鹼基，每兩個一組，腺嘌呤（A）和胸腺嘧啶（T）、鳥嘌呤（G）和胞嘧啶（C），排列成木梯的樣子。

以人類來說，細胞核裡的23對，也就是46條染色體的DNA中，一共約有多達30億的鹼基對。科學家認為這些成排的鹼基對之中，記錄著約3萬到4萬筆基因資訊。根據這些基因資訊，就能夠合成各式各樣的蛋白質，創造出擁有複雜功能的生物體。

基因資訊如何由父母傳給子女？

精子和卵子分別提供一半的DNA

DNA通常是細胞核內稱為染色質的細繩狀遺傳物質。細胞發生分裂時，DNA就會整合成棒狀的染色體。在每個細胞核內各有兩對人類的染色體，一共有二十三對，共計四十六條。

創造出精子和卵子的生殖母細胞裡也同樣有四十六條染色體（兩條乘以二十三組）。在一般的細胞分裂中，染色體會成對複製，不過這個母細胞分裂出來的精子和卵子，只會複製一對染色體當中的一個（一條乘以二十三組；這種現象稱為「減數分裂」）。而且科學家已經知道在這個時候，成對的染色體之間有一部分會發生DNA重組。透過這種方式製造出來的精子和卵子受精之後，孩子從父親和母親繼承而來的染色體就會配成一對，產生新的二十三對、四十六條染色體。

即使使用的是同一對男女的精子和卵子，DNA的基因資訊也會因為染色體的排列組合不同而不一樣。這也是兄弟姊妹即使是同一對父母親生下來的，長相也會不同的原因。

▼剛出生的嬰兒。DNA一半繼承自父親，一半來自母親。

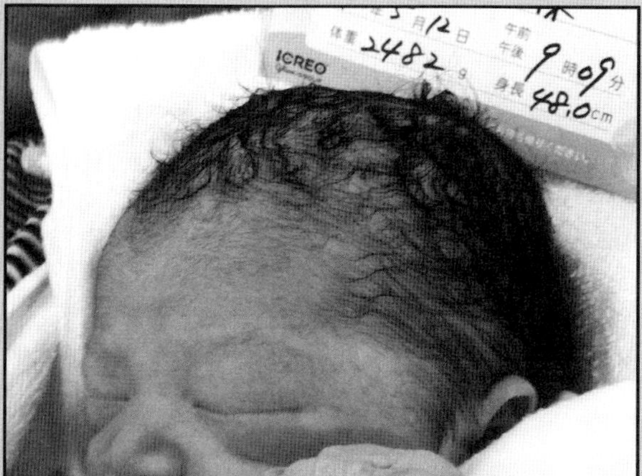

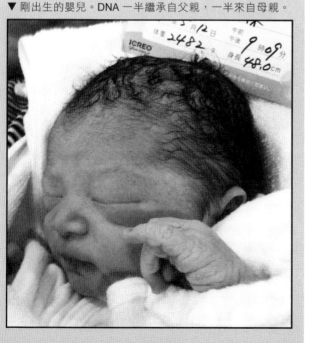

精子的性染色體是X或Y，決定了出生小孩的性別

有時會出現DNA完全相同的孩子，這種是同卵雙胞胎。雙胞胎可分成一顆受精卵受到刺激而分裂成兩顆的同卵型，以及兩顆受精卵同時成長的異卵型。

異卵雙胞胎的情況與一般兄弟姊妹一樣有不同的基因組合，同卵雙胞胎則幾乎百分之百相同。但是，有時隨著年齡增長，雙胞胎在個性等方面也會出現差異。人類的成長不單是受到遺傳影響，環境也扮演很重要的角色。

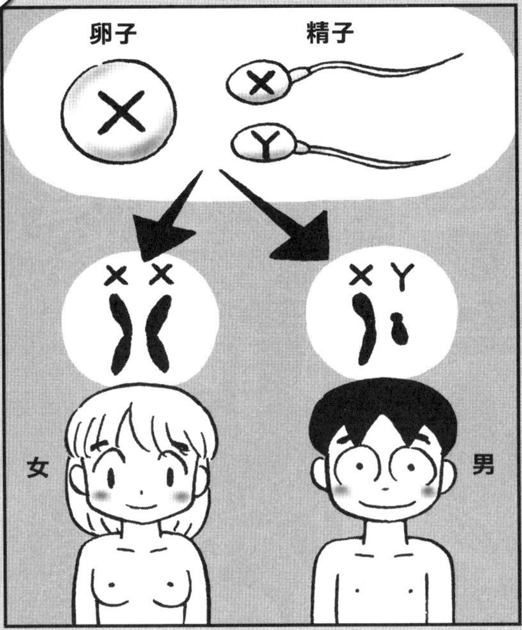

▲生殖母細胞產生具有X染色體和Y染色體的精子。如果受精的是Y精子，性別就是男生。

以人類來說，出生的孩子是男是女，也是由父母親的基因決定。人類的二十三對染色體之中有二十二對男女相同，只有被稱為性染色體的那一對男女有別。女性有兩條X染色體，男性則有一條X染色體和一條Y染色體。這個Y染色體具有製造睪丸等男性功能的主要基因。精子誕生時，會產生分別帶著X染色體和Y染色體兩種性染色體的精子（卵子則全都是X）；卵子與Y染色體的精子受精的話，生下來的孩子就是男生。以機率來說應該是男女各半，不過根據調查統計的結果，女孩如果是一百的話，男孩大約是一百零五，所以生男孩的機率比較大，不過原因還不清楚。

包括人類在內的哺乳類動物幾乎都是男性（雄性）擁有特定基因的Y染色體，負責決定性別，不過也有生物是利用其他方式決定性別，例如爬蟲類的鱷魚和烏龜多半是根據受精卵所處的環境溫度高低決定性別。另外，魚類中的青衣魚（隆頭魚科）最有名的特色就是，如果魚群中沒有雄魚的話，體型較大的雌魚就會轉換性別，變成雄魚。

醫生手提包

我好像感冒了，
謝謝你的邀請，我不過去玩了。
喔，真是太可惜了。
那妳好好休息吧！
好像正在流行感冒。
嗯…說起來…
我從剛才就一直覺得頭昏昏的。
還不止這樣，肚子很難受，好像快脹破了！
我生病了！

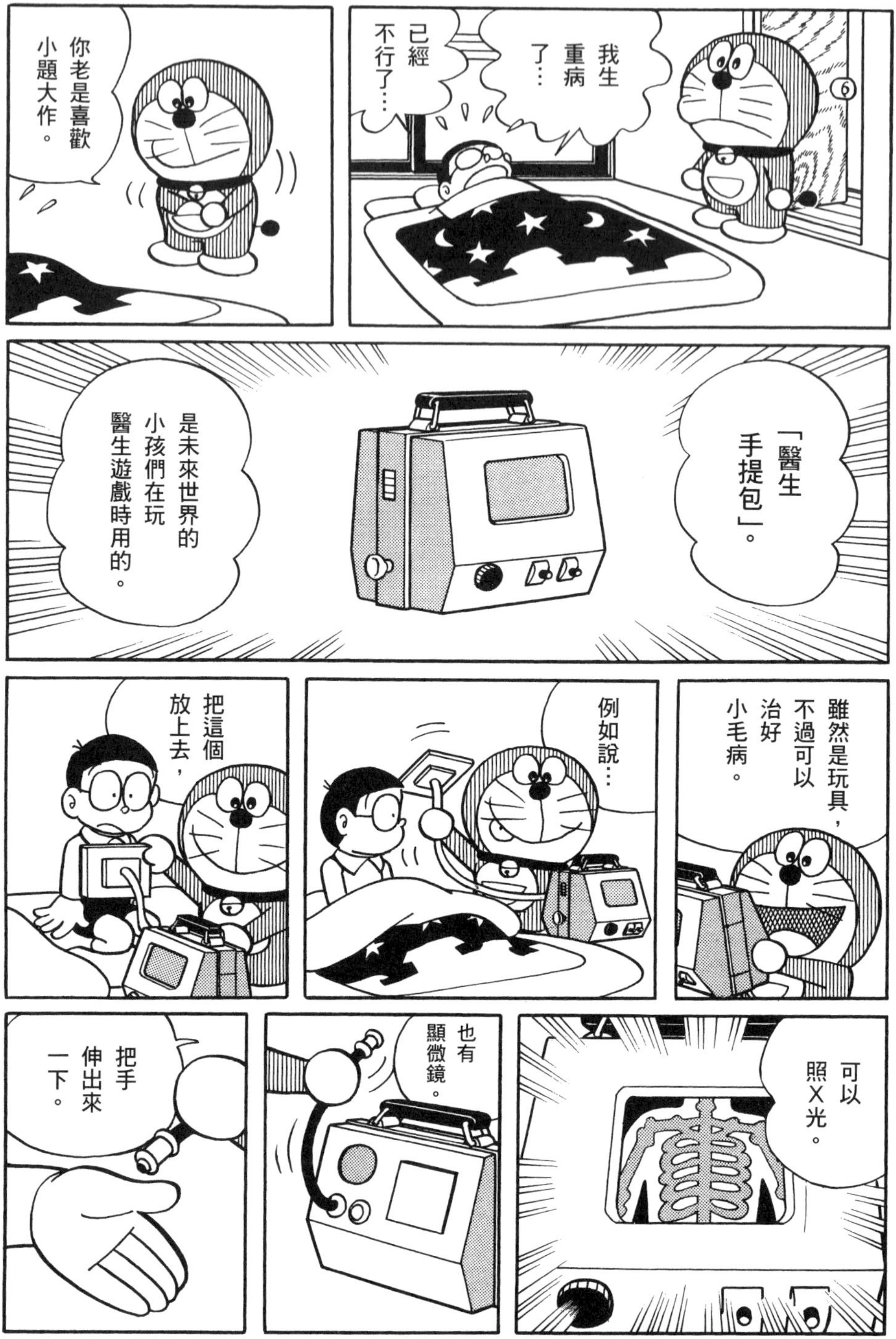
我生重病了…
已經不行了…
你老是喜歡小題大作。
「醫生手提包」。
是未來世界的小孩們在玩醫生遊戲時用的。
雖然是玩具，不過可以治好小毛病。
例如說…
把這個放上去，
可以照X光。
也有顯微鏡。
把手伸出來一下。

人體工廠探測燈Q&A

Q 德文解剖學書籍 *Anatomische Tabellen* 的日文譯名是？①《解體新書》②《蘭學事始》

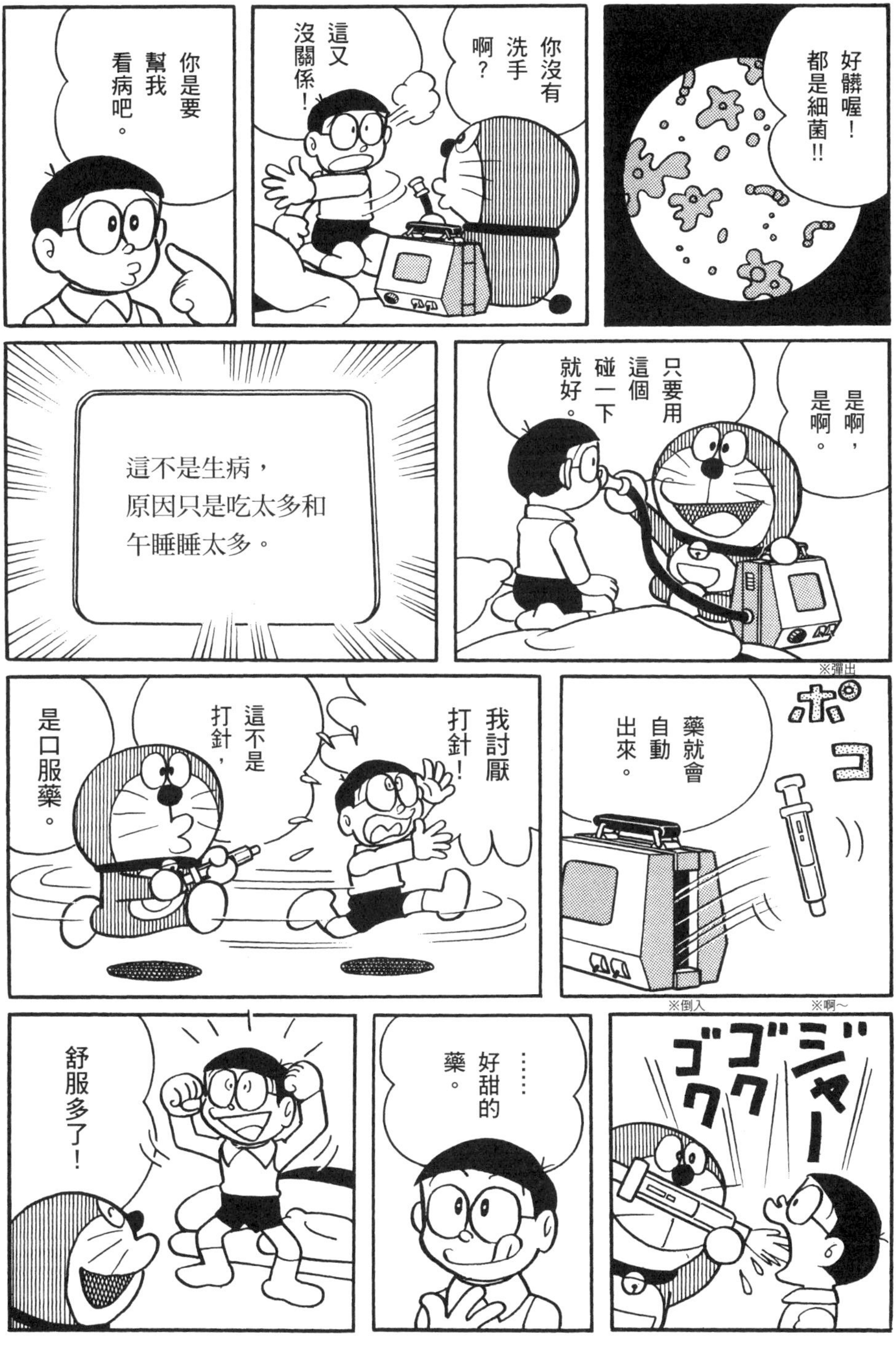
好髒喔！都是細菌!!
你沒有洗手啊？
這又沒關係！
你是要幫我看病吧。
是啊，是啊。
只要用這個碰一下就好。
這不是生病，原因只是吃太多和午睡睡太多。
※彈出
ポコ
藥就會自動出來。
我討厭打針！
這不是打針，是口服藥。
※啊～
ジャー
※倒入
ゴクゴク
……好甜的藥。
舒服多了！

A ①《解體新書》。日本江戶時代的醫師衫田玄白將它翻譯成日文。《蘭學事始》則是衫田玄白本人的回憶錄。

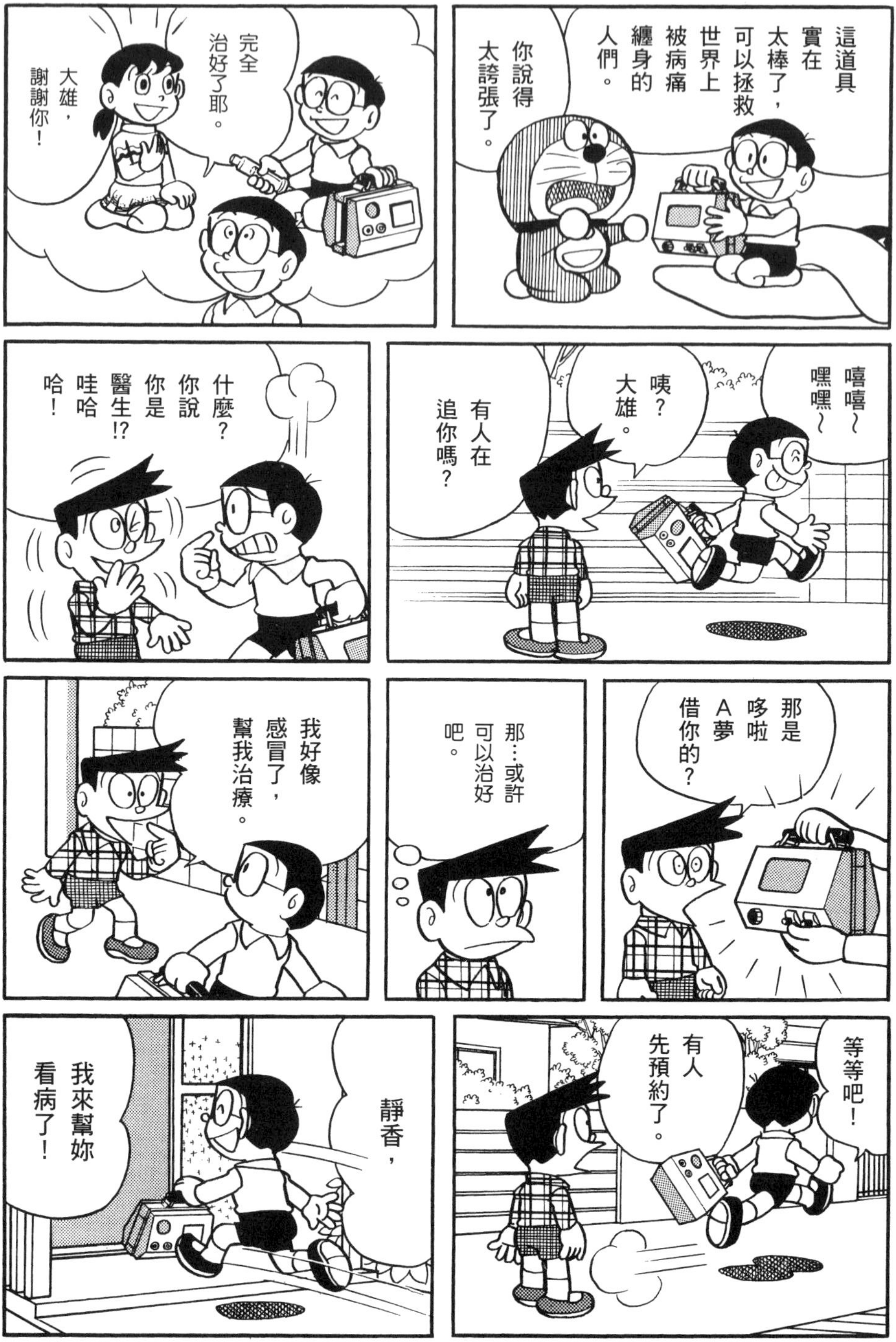
這道具實在太棒了，可以拯救世界上被病痛纏身的人們。
你說得太誇張了。
完全治好了耶。
大雄，謝謝你！
嘻嘻~嘿嘿~
咦？大雄。
有人在追你嗎？
什麼？你說你是醫生!?哇哈哈！
那是哆啦A夢借你的？
那…或許可以治好吧。
我好像感冒了，幫我治療。
等等吧！
有人先預約了。
靜香，
我來幫妳看病了！

人體工廠探測燈Q&A

Q 在中世紀歐洲，核桃被當成是治療腦部疾病的藥物。這是真的嗎？

我幫妳看病，衣服脫掉吧！
我沒什麼大礙，好像已經治好了。
什麼嘛！真無趣。
幫我看看吧。
不用脫衣服也沒關係！
只要碰一下。
感冒
來，吃藥。
啊——
痊癒了！
真的有效呢！
下次感冒時再拜託你。

A 真的。因為「核桃果實的形狀很像腦」。當時的民眾相信外型類似身體某部位的東西，就是治療該部位最有效的藥物。

什麼時候呢？
還是儘快生病比較好。
你自己先玩遊戲吧，
我去烤麻糬。
大雄在嗎？
我聽小夫說了。
我胸口悶悶的，
馬上幫我看看。
這是為了幫靜香看病才…
醫生怎麼可以挑病人呢？
好好好！我看。
不用脫衣服也沒關係啦！
吃了太多烤番薯
來，把藥吞了。
ジョバ
スッキリ

※精神振奮　※潑

人體工廠探測燈Q&A

Q 人類身體不可或缺的二十種氨基酸，全都能夠在人體內自行合成。這是真的嗎？

治好了！
大雄醫生，謝謝！
多保重。
好痛好痛…
好痛喔，
手指燙傷了。
這下糟了，
我馬上幫妳看，把衣服脫掉!!
是手指！
真不敢相信，治好了耶！
我說得沒錯吧！
下次再生重一點的病吧！
藥只有一點點，所以還是儘早生病吧！
你好，請問大雄醫生在這裡嗎？

A 假的。身體的蛋白質雖然能夠製造氨基酸，不過人體能夠自行合成的只有十二種，剩餘的八種必須從食物中取得。

Q 藥丸等藥物即使不喝水，直接吞下去，效果還是一樣。這是真的嗎？

聽說什麼病都可以治好？
請幫我看看。
在這裡看吧。
不太好吧！
那是女孩子的家。
我的屁股上長了一個瘡。
幫我治療蛀牙。
好黑的牙齒！你有刷牙嗎？
我的腳底起水泡了。
噁嗚…
已經沒藥了。
大雄，
我好像真的感冒了。

A 假的。搭配一杯充足的冷水或溫水，能夠幫助藥物在胃腸裡溶解，身體也較容易吸收藥物的成分，有助於提高效果。

現在已經來不及了。
ガーン
※震驚
來不及了!?
別這樣說，幫我看！快幫我看啊！
只…只是看看的話…
不是已經沒藥了？
你還在玩啊！
你居然騙我…
這些傷治得好嗎？
來不及了。

人類在人體與生命的了解上是如何發展？

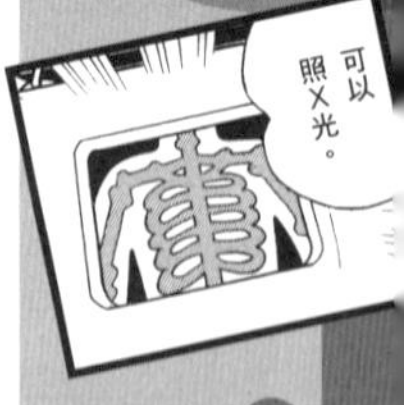

解剖學解開了人體結構之謎

在古埃及（西元前三千一百年至西元前三百四十三年）、美索不達米亞文明（西元前四千年至西元前三千年）時期，人類基於醫學上的好奇，想要了解人體構造，因此有解剖人體的行為。在主張「以眼還眼」而名聞遐邇的漢摩拉比法典（約西元前一七七二年頒布）中，也有關於外科手術的記載。接下來到了西元前三百年的希臘時代，亞歷山大城的解剖學家已經公開發表人體內部的構造。然後又過了一千數百年之後，來到文藝復興時期，醫學研究再度盛行於歐洲，解剖學也持續發展。知名畫家李奧納多·達文西曾經進行超過三十具人體的解剖，並留下解剖圖。

日本在進入江戶時代（西元一六〇三年至一八六七年），西方人渡海而來，同時也帶來了西方的醫學。受到西方醫學影響，十八世紀後期開始，山脇東洋、杉田玄白、前野良澤等人也著手進行稱為「分腑」的人體解剖，並且以當時的蘭學（註：日本將來自荷蘭的學問稱為「蘭學」）為中心，研究人體構造。

從「演化論」開始通往發現生命設計圖DNA之路

▲ 達爾文發表人類的祖先是靈長類之後受到批評，甚至還出現這類諷刺畫。

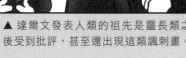

▲人類與老鼠的固有基因只有數百種，但是老鼠的基因有百分之九十九都可在人類身上找到對應的基因。

有別於醫學、生理學上的人體探索，十九世紀中期開始，科學家也從生物學的角度研究人類。研究的契機是英國博學家查爾斯．達爾文的「演化論」。達爾文於一八五九年出版的《物種起源》一書中，主張能夠配合環境改變做出少許有利變化的生物，才有更多機會活下去。他在《人類的由來》一書中更進一步提到人類的祖先是靈長類。但是當時一般民眾認為人類是從地球誕生時就位處於自然界頂點的特例，因此他的這番理論飽受抨擊。

在此同時，有個重大發現成為遺傳學的基礎。奧地利傳教士孟德爾發表了「孟德爾遺傳法則」。他透過豌豆實驗，發現花朵顏色等的遺傳具有規律性，因此主張父母親的特徵也會傳給子女。他後來將這項發現命名為「遺傳因子」（現在稱為「基因」）。

進入二十世紀後，科學家開始利用化學方式研究生物，並利用化學物質和分子解開生命現象之謎，生化學與分子生物學因此持續發展。生命現象不再神祕，一旦確立生命現象能夠以科學方式分析之後，生命現象和遺傳相關的研究開始急速發展。人類發現了染色體，也知道構成染色體的單一分子DNA就是遺傳因子（基因）。一九五三年，詹姆斯．沃森和弗朗西斯．克里克共同發現DNA的「雙螺旋」構造，對於基因有了更深入的了解。

DNA中的所有遺傳資訊稱為「基因體」。以人類來說，DNA是由大約三十億個鹼基對構成，所有遺傳資訊都像密碼一樣寫在DNA上。試圖解讀基因體的國際研究「人類基因體計畫」於一九九一年展開，歷經十二年的研究，已經能夠從預測的三萬至四萬種基因資訊中，確認大約兩萬兩千種類型。經由與其他生物的基因體分析比較之後，發現人類的基因數只是蒼蠅的兩倍，也知道找到的基因有百分之九十九與老鼠的基因相似。

醫學與工學聯手促成人造器官、人造臟器的進化

隨著電子工學、精密工學等科學技術的發展，目前已經開發出各式各樣的醫療儀器，醫療技術也在急速進步中。其中，醫學與工學聯手開發使用生物相容材料製作的人造器官與組織，甚至是人造臟器，被用來復原人體因生病或受傷而失去的部位或功能，成為眾所矚目的再生醫學新技術。

所謂生物相容材料就是透過人工方式，用塑膠這類高分子材料製作出人體缺少的部分，目前已經開發出人造骨頭、人造血管、人造皮膚等。一提到人造器官，你或許會覺得很新奇，不過像是以植牙取代失去的牙齒這類，將人造牙根埋進骨頭裡的方式，其實就是人造器官的一種運用方式。

從裝在體內的輔助人工心臟開始，目前正在持續研究開發以人工方式代替肺臟、心臟、肝臟、腎臟等功能的裝置。在體外取出血液，擔任人工肺臟與心臟任務的人工心肺裝置，已經用於心臟手術上。另外，腎功能衰退者接受透析治療所使用的裝置，也裝著人工腎臟，可以過濾血液中不必要的成分。

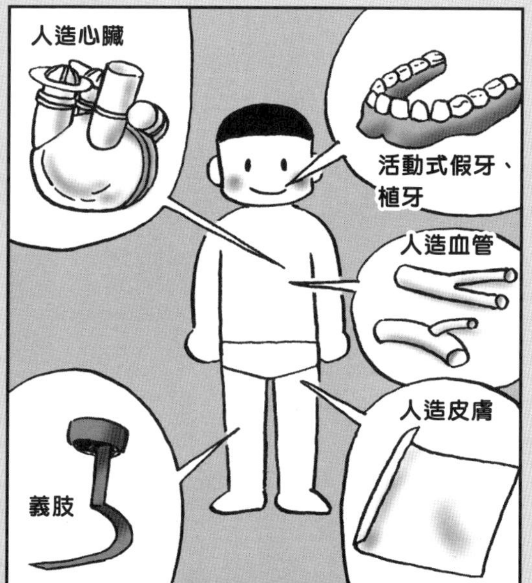

▲工學技術與高分子化學的進步，開發出各式各樣的人造器官與人造臟器，有助於醫療發展。

能夠進行微創手術的手術機器人也實用化了

最新的醫療目標是開發出效果更好的醫療技術，盡量減輕患者接受檢查與治療時的負擔。例如運用3D立體超音波做診斷、癌症治療不靠外科手術，改以藥物進行化學治療及照射放射線等，各樣的嘗試都在進行中。

◀外科手術上也應用到機器人技術，目前正在開發醫療專用的手術機器人。

無須切開肚子就能夠進行的腹腔內視鏡手術，也是其中一種。在肚子上開一個數公分的小洞，將小小的內視鏡（攝影機）與小型手術工具送進洞裡，一邊看著螢幕畫面一邊進行手術。這類手術完成後復原快速，能夠減輕患者負擔，不過問題在於操作器具需要高超的技巧。為了解決這項問題所開發出來的，就是手術專用機器人。雖說是機器人，不過並非讓機器人自行動手術，而是由醫生看著進入人體內的攝影機所拍攝的3D影像，同時操作裝在機器手臂前端的手術器具。這種方式不僅與內視鏡手術一樣，只會留下很小的傷口，而且也能讓細微的作業變得更容易，並且更準確的達成。

特別專欄

利用血液檢查發現癌症

無須進行X光、CT（電腦斷層掃描）、內視鏡等檢查，只需驗血、驗尿，就能夠輕鬆的進行癌症的相關檢測。

正常的細胞不會產生主要是癌細胞才會製造出來的蛋白質與酵素，稱為「腫瘤標記」（或稱「癌症指數」）。不同類型的癌症製造出來的物質也不同，因此只要檢查血液和尿液裡的腫瘤標記，就能夠查出身上哪裡有癌細胞。光是這樣還算不上是確診，不過利用這種方式能夠避免造成身體過大的負擔，因此有越來越多人會在健康檢查時加上這項檢驗。

用電池就可以動了。
我們到公園的池塘試試吧！
我也來幫忙。
如果讓大雄幫忙，船一定會沉下去的。

人類製造機
太小看我了！
我們也來做更厲害的東西，讓他們刮目相看。
好啊！
只要拜託哆啦A夢，他一定會拿出什麼道具來吧！
哆啦A夢，你來得正好…
要做東西，一定要自己親自從頭下苦工才會有價值啊！

啊！對了…
書桌前面的機器，你千萬不要去碰喔！
什麼機器？
總之不要碰就對了。
因為那個機器，我一定要退回去。
越是叫我不要碰，我越想去碰。
我一定要玩看看。
這是什麼東西啊？
有附說明書耶。
「人類製造機」!?

人體工廠探測燈Q&A

Q 利用DNA鑑定可分辨出超市販售的牛肉產地。這是真的嗎？

A

真的。即使被切成小塊的肉，也能夠透過DNA檢驗，鑑定出牛隻品種，找出判斷產地的重要線索。

「想不想試試親手製造出可愛的小嬰兒啊？
其身體的每一部分，都跟人類一模一樣。
所有的材料都是你周圍隨手可得的東西。
將這些材料重新分解後，再重組成人體所需要的成分。」
我要做！
我要讓大家對我刮目相看!!
我是新世界百貨公司的員工，
我是來取回這個機器的。
傷腦筋，
這個機器的主人現在不在。
我也覺得很困擾。
你待會再來好了。
請您要盡快通知他喔！
趕快來收集材料吧！

脂肪：肥皂一塊、鐵：鐵釘一枝、磷：火柴一百枝、碳：鉛筆四五〇枝。
再加上一杯「石灰」、一把「硫磺」跟「鎂」，放入1.8公升的水，這樣就備齊一個三公斤嬰兒的材料。
肥皂和鐵釘簡單就可以拿到。
硫磺就把礦物標本拿來用。
把家裡的火柴都拿來用…
大雄，不可以玩火喔！
我記得家裡也有鎂啊……
以前叔叔拍照時，有用到鎂。
要四五〇枝鉛筆，真麻煩。
我那些用剩的鉛筆數量好像不夠。
不過還是有些非買不可的東西。
問靜香能不能提供些材料給我好了。

人體工廠探測燈Q&A

Q 據說「iPS細胞」名稱的由來是因為開發時正流行「iPod」，因此模仿命名。這是真的嗎？

我們兩個人一起做好嗎？
做什麼？
小嬰兒!!
開什麼玩笑!!
バリバリ
ガリガリ
※又抓又打
※啪嘰
靜香為什麼要那麼生氣……
女孩子的想法真難理解。
算了！
我拿稀少的零用錢來買好了。
這樣就可以製作人類了嗎？
感覺還真不可思議。
把材料放進去。
ドサ
ドサ
※倒入
拉下分解裝置的把手，
※轉
轉動組合的按鈕。
喀嚓！
這樣就行了。

A 真的。此細胞的英文名稱縮寫是「IPS」，為了能夠像「iPod」一樣普及，因此改用小寫的「i」。

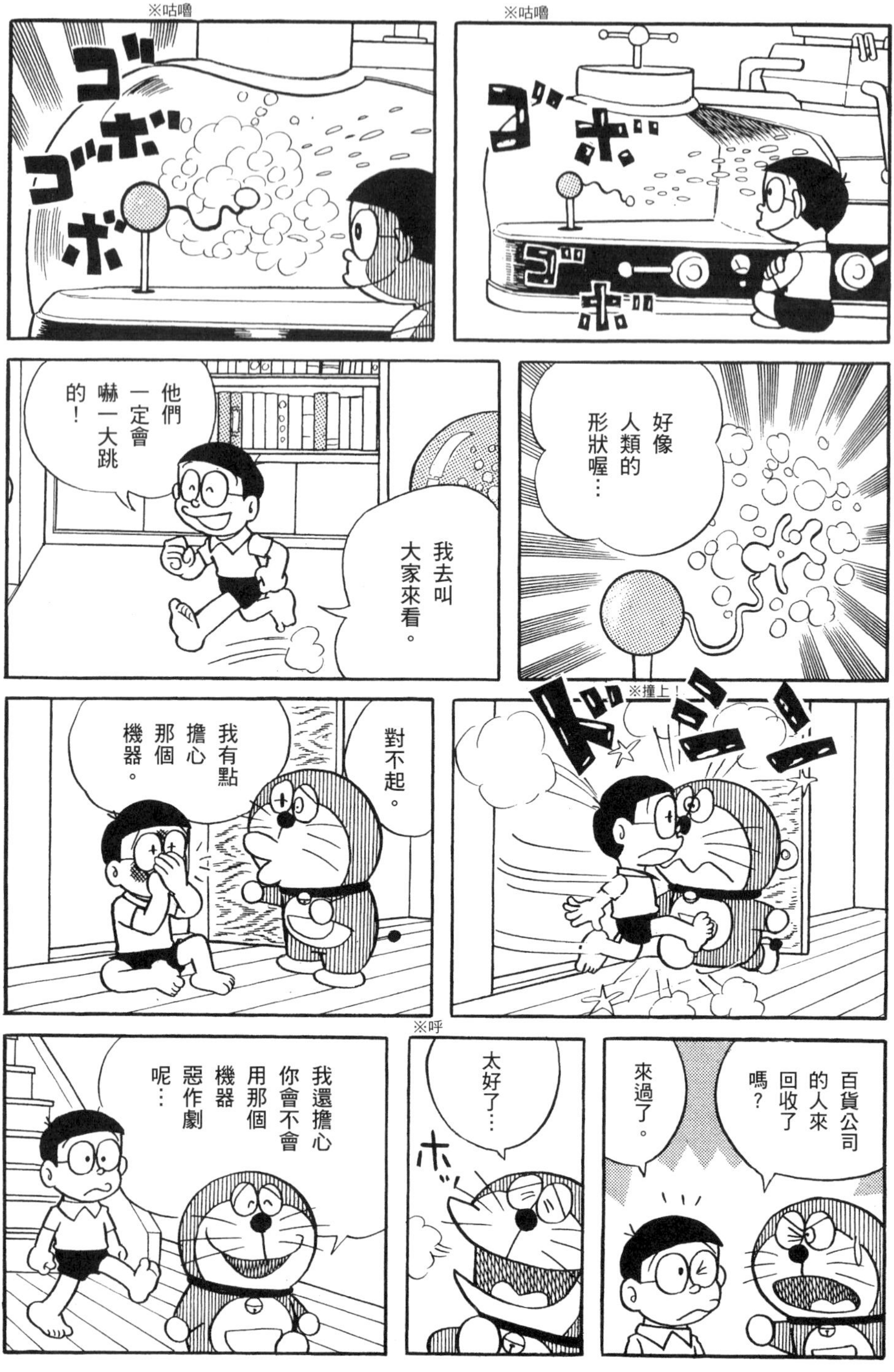
※咕嚕
ゴボボ
※咕嚕
ゴッコッボッボ
好像人類的形狀喔…
我去叫大家來看。
他們一定會嚇一大跳的！
※撞上！
對不起。
我有點擔心那個機器。
百貨公司的人來回收了嗎？
來過了。
※呼
太好了…
ホッ
我還擔心你會不會用那個機器惡作劇呢…

人體工廠探測燈Q&A

Q 哪種已滅絕的動物利用複製技術再生成功？①庇里牛斯山羊 ②日本野狼

那是新產品。
賣出去之後發現嚴重的瑕疵，於是就停止販賣。
怎樣嚴重的瑕疵啊？
用那個機器製造出來的人類是突變種。
擁有超強的超能力，一般人類根本不是他們的對手。
那些突變種們擅自增加自己的夥伴，打算征服人類，引起大騷動。
就連聯合國都出動軍隊去鎮壓。
你說什麼!?
你用那台機器製造了人類!?
看你做了什麼好事!!
必須趕快把機器停下來。
打開!

A

①庇里牛斯山羊。科學家將其遺留下來的皮膚DNA注入山羊的受精卵裡繁殖胚胎。不過在出生後不久就死亡。

太遲了!!
把機器敲壞吧!
浮起
※碰
他使用念力。
※咚咚
這樣根本打不過他。
嘻嘻嘻嘻嘻…
哇!千萬不要亂來!
我是你的爸爸啊!

人體工廠探測燈Q&A

Q 人類iPS細胞成功前，先成功的iPS細胞來自……？

①黑猩猩 ②實驗鼠 ③兔子

?
誰在說話啊？
是這傢伙用心電感應在跟我說話。
去拿…牛奶…過來…
大雄，剛才真是對不起。
誰叫你開那種奇怪的玩笑。
那是要給誰的牛奶？
我的小孩。
吼啊啊——
浮
起
什麼？你要用電刑對付靜香？不可以啦！

A ②實驗鼠。製造出人類iPS細胞的大約一年前，京都大學山中伸彌教授首次在實驗鼠身上實驗成功。

※搖晃
チャカ
チャカ
チャカ
※噗通
ボチャ
※啪
バアー
我用逆時鐘把時間倒退回去，所有的事情都回到二個小時前的狀態。
?
!?
似乎到處給人家添了麻煩。
真是不好意思。

生化技術因爲基因體的解讀而更加進化

基因重組有助於醫療與科學

在漫畫裡，大雄用人類製造機製造出可怕的突變人。事實上體內的DNA也會發生突變，這也是癌症等發生的原因。DNA的鹼基序列發生更換位置或脫落等突變，有時是來自於紫外線、化學物質等的影響，有時也可能是自然發生。DNA上的基因經過「轉錄」、「翻譯」的複雜過程之後，會合成身體必須的蛋白質。DNA即使發生突變也多半不會影響蛋白質合成，不過有時也會合成失敗、引發疾病。相反的，這類突變如果發生在精子或卵子的DNA上，就會由子孫繼承，有時也會影響演化。

目前人類已經能夠靠人工力量製造DNA突變，也就是利用切下或連接一小段DNA的技術進行「基因重組」。此外，將能夠創造出有益人類的物質的

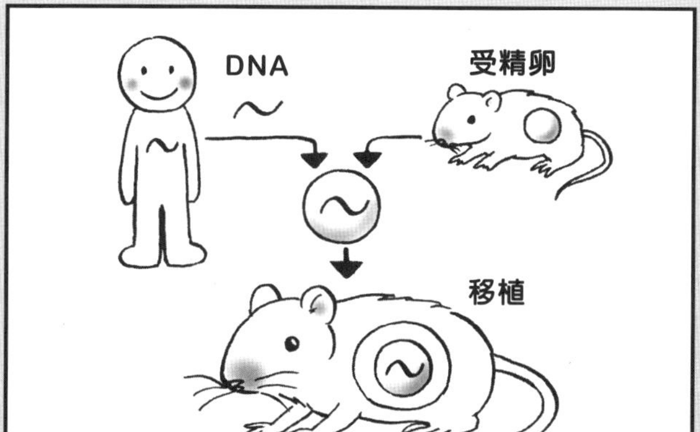

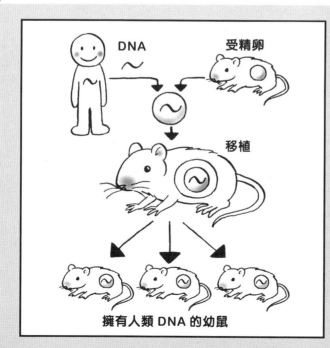

◀加入了人類DNA培養的基因轉植鼠，可用於醫療研究。

DNA，植入動物細胞裡培養的「基因轉植動物」也在研究發展中。例如讓牛奶、山羊奶中含有可以變成藥物的蛋白質成分等。另外，在豬身上植入人類基因，製造移植到人類身上也不會發生排斥反應的內臟，也有助於器官移植。

打造擁有完全相同基因資訊的「複製」動物，相關研究也仍在進行中。一九九六年複製羊桃莉的誕生蔚為話題，後來也製造出牛、馬等大型哺乳類的複製動物。從身體細胞製造複製動物的技術，有助於保護將來可能絕種的動物。因此如同電影《侏儸紀公園》那樣將滅絕恐龍喚醒的電影情節，或許將不再只是夢。

應用在各種領域的生化科技

到了二十世紀後期，我們了解了遺傳因子的真面目是DNA，也知道了DNA的構造和基因的作用，於是開始開發基因重組技術、製造自動讀取DNA鹼基序列方式的裝置，並且研究大量增加必要DNA的技術等。生化科技急速發展，進入二十一世紀之後，包括人類在內，各類生物的基因體（所有基因資訊）一一被解開，科學家也開始從基因回溯演化的歷史。

在醫療領域方面，基因診斷研究正持續進行中。透過

◀過去原本已經絕種的國鱒，在日本山梨縣西湖發現魚群時，也曾經利用DNA鑑定確認無誤。

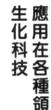

對人類基因體的解讀，各種與疾病相關的基因也陸續被解開，有助於預防、診斷及治療疾病。每個人的基因體內容不盡相同，只要調查與疾病相關的基因，就能夠預測這個人是否容易患病。比方說發現某個基因有變異，所以罹患乳癌的可能性很高。因此假如你先去做基因檢測，若是發現有容易發病的基因，就能夠及早做更進一步的檢查，好及早發現並調整生活習慣做預防。另外，檢查基因也能夠查出使用哪一種藥物較容易治癒，因此可以配合病患體質，選擇最有效的藥物和治療方式。這類以個人基因體資訊為基礎的醫療，稱為「個人化醫療」。我們期待此種醫療方式的實現，但即使被診斷出患病的可能性很大，如果沒有方法治療的話，當事人將會受到嚴重打擊。諸如此類的難關仍尚待解決。

DNA鑑定也用在犯罪搜查上

人類的DNA上有大約三十億種鹼基對的排列方式，正好與指紋一樣，每個人都有些許不同。而利用DNA這項特徵辨識每個個體的方法，就稱為「DNA鑑定」。

DNA的鹼基對裡面也有許多沒有作用的基因，其中有幾個鹼基的排列方式會重複出現，重複出現的次數因人而異，因此只要比較這個部分，就能夠鎖定個人。再者，DNA裡還有幾處這樣的地方，所以只要多調查幾處，就能夠降低弄錯的可能。日本警察會調查十六處的鹼基配對和排序，全部一致的機率據說只有四兆數千億分之一。只要能夠採集到血液、唾液、有毛囊的頭髮等微小細胞，就能夠進行鑑定。

特別專欄

擁有不同基因資訊的細胞嵌合體

希臘神話裡有一種生物稱為奇美拉，牠擁有獅子的頭、綿羊的身體、蛇的尾巴。而所謂的「嵌合體」，正如這種想像中的生物，在一個身體裡混合存在著不同基因資訊的細胞。

2012年春天，美國製造出了恆河猴（或稱普通獼猴）的嵌合體。在此之前出現的都是老鼠的嵌合體，這是全球首次在接近人類的獼猴身上出現嵌合體。製造嵌合體是為了了解動物的形成、生命現象、研究遺傳疾病等，有助於醫學上的各種研究。不過不同國家在嵌合體的製作上有不同嚴格程度的規定。

被稱爲萬能細胞的「iPS細胞」是什麼？

可當作「種子」，製造出各種細胞的「幹細胞」

在一百六十八頁中已經提過，再生醫學領域目前正在研究利用人造物質，恢復因生病或受傷而失去或衰弱的身體組織與機能。除此之外，近年來也在急速發展利用「幹細胞」的再生醫學研究。

人體約有六十兆顆細胞。細胞的種類可分為兩百多種，有的就像神經細胞或皮膚細胞一樣，都是為了某個既定的任務而存在。但是也有許多細胞沒有專責的任務，他們被創造出來是為了當「種子」，這些就是幹細胞（或稱「成體幹細胞」）。舉例來說，皮膚表面的細胞會老化變成角質然後一一剝落，不過幹細胞會進行細胞分裂產生新的皮膚細胞，因此皮膚不會不見。同樣的，骨頭裡的骨髓有造血幹細胞，每天大量製造數千億顆新的血液細胞。科學家研究的目標就是希望利用細胞的「種子」，也就是幹細胞，開發出新的再生醫學技術。

關於成體幹細胞，目前已經能夠將健康人的造血幹細胞移植到白血病患者身上，實現骨髓移植。接下來將進一步開發可稱為萬能細胞的全新幹細胞，並且推動實用。

▼幹細胞的任務是當「種子」，製造出能夠在體內工作的各種細胞。

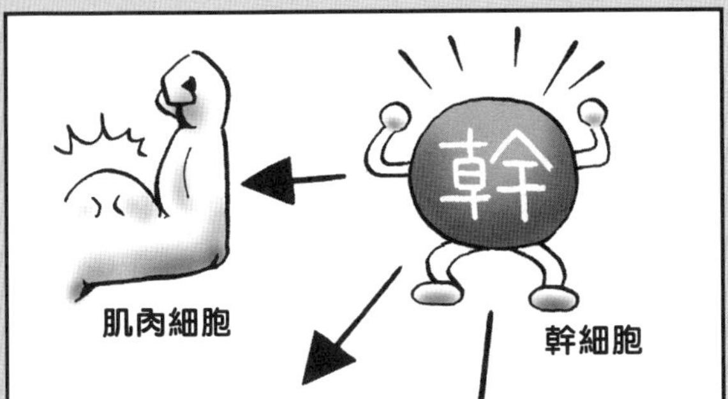

衆人對於在日本誕生的萬能細胞「iPS細胞」充滿期待

新的幹細胞名稱是「iPS細胞」（誘導多能性幹細胞）。成體幹細胞雖然能夠生產許多細胞，不過換個角度來說，它的角色有限。但是iPS細胞這種幹細胞能夠成為身體任何部位。事實上同樣的幹細胞早已存在，就是從受精卵開始分裂初期的胚胎裡，取出將會變成胎兒身體的細胞，加以增生製成的ES細胞（胚胎幹細胞）。這種幹細胞雖然能夠變成任何一種細胞，不過想要邁向實用，仍然存在許多問題，使用人類受精卵就是最大的問題，這些爭議仍在持續。不過日本開發的iPS細胞解決了這個問題，也震撼了全世界。

iPS細胞是讓皮膚等體細胞失去專業角色，植入可協助找回其幹細胞功能的基因，將細胞初始化之後，成功製造出來的萬能幹細胞。現在iPS細胞被用在製造心肌細胞，幫助衰弱的心臟恢復功能，以及幫助視網膜再生等，正在逐步付諸實用。

▲京都大學山中伸彌教授開發的 iPS 細胞是讓全世界研究學者驚訝的大發現。

特別專欄

推動 iPS 細胞邁向實用的國際開發競爭

2007 年，日本京都大學的山中伸彌教授開發了 iPS 細胞。但現在不只在日本，全世界都在著手研究，打算將 iPS 細胞用在再生醫學上，或是研究創造 iPS 細胞的新方法。研究與技術開發的關鍵，是由日本領導全世界。然而在製造 iPS 細胞的技術等領域上，領先的反而是美國。

日本政府也在背後支持此項研究，期待 iPS 細胞邁向實用化。不過相較於美國，日本的研究人員少、研究領域有限，面臨的問題不少。

化石大發現！

杉樹
一百萬圓的小金幣就埋在這裡
懸崖
北
往學校
竹林
往車站
可惡!!
什麼藏寶圖啊！
所以我說嘛，你相信他們就等於被騙了啊。
今天是四月一日，小夫他們當然要耍你開心。
害我們挖了這麼大的洞穴！

※挖掘聲
那裡也有人和我們一樣耶！
※挖
不好意思，可能要潑你冷水。
今天是四月一日愚人節喔。
咦？你在挖化石喔？
會有嗎？
根據我的直覺，這個洞穴裡是泥岩層，所以……
哇！好像比挖寶有趣多了！
※挖
你們怎麼可以隨便亂挖呢！
要是把寶貴的化石挖壞了怎麼辦啊！
他憑什麼發脾氣啊！
真是個討厭的糟老頭！

人體工廠探測燈Q&A

Q 從母體生出小孩的生物只有哺乳類，其他生物都是從蛋裡生出來。這是真的嗎？

你們到哪裡去了？準備吃飯了喔。
唉！居然被人家當成傻瓜！
我也想騙人。
！
……如何？
一定很有趣！
我們就……如何！
把魚骨和貝類的外殼放進土裡頭……
然後用「時光布」覆蓋在上頭……
讓它們看起來有如經過幾億年……
變成化石了！

A 假的。爬蟲類的蛇與蜥蜴、魚類的鯊魚等，也是蛋先在體內孵化後才生出孩子。

他還在挖耶！
完全沒收穫，是我的直覺錯誤吧。
老爺爺！
你們又來搗蛋了？
我們剛才在那邊挖到了這些怪石頭，所以想請你幫忙看看。
嗯？
大發現啊！
那些東西有那麼驚人嗎？
當然啊！

人體工廠探測燈Q&A

Q 到目前為止已經確認的稻子基因數量比人類還多。這是真的嗎？

所謂的化石，是幾億年前的生物殘骸所形成的！
所以當時的魚類和貝類應該都是尚未演化過的原始品種才對！
可是你們看！這些魚貝的模樣和現今幾乎完全相同！
這種化石可是世界上第一次發現啊！
※奮力挖掘
當然囉，因為這是我們拿午餐…
噓！
ガツーン
ガツーン
我也要挖到啊！
哇哈哈哈哈！
真是太好玩了！
呼，笑死人了啊！
做些更有趣的化石出來吧。
那太誇張了，馬上就會被拆穿啦。
垃圾回收場

A 真的。根據基因體分析的結果，人類的基因已知約有兩萬兩千種，不過稻子已經找到約三萬兩千種。

人體工廠探測燈Q&A

Q 在地底下數公里深的地方，也有微生物存在。這是真的嗎？

反正今天是愚人節，頂多大家笑一笑嘛！
是啊，你說的沒錯。
回收場
把它弄成化石看看吧！
咦？人呢？
工具還在這裡，應該馬上會回來吧。
就這樣把它們埋進去……
サック
ザック
※沙沙
在那邊，真的有化石喔！
爸爸，您長久以來的努力，終於有回報了。
是那兩個人先發現的。
謝謝！
真的謝謝你們！
ギュ
※握緊

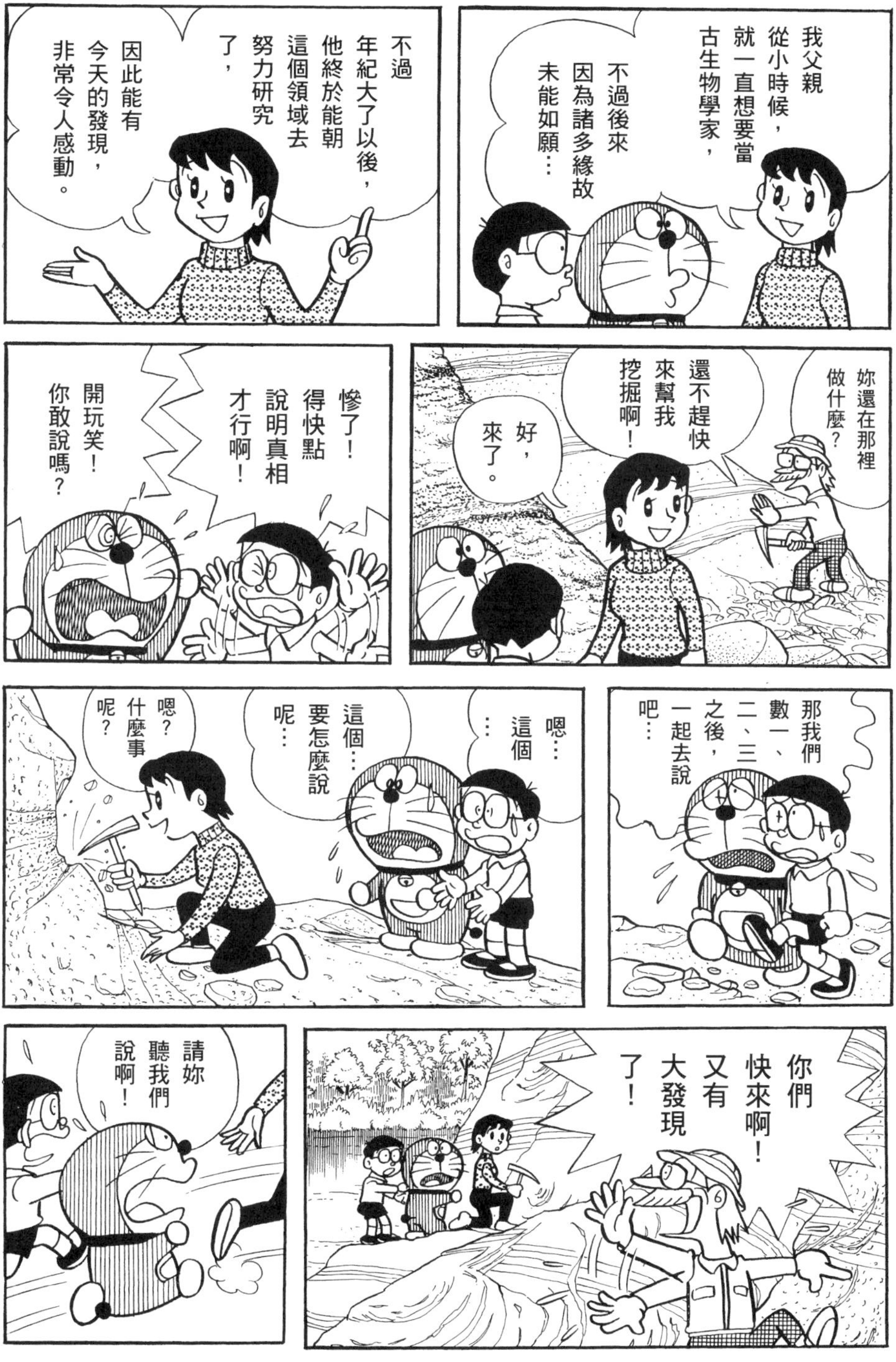
我父親從小時候，就一直想要當古生物學家，
不過後來因為諸多緣故未能如願…
不過年紀大了以後，他終於能朝這個領域去努力研究了，
因此能有今天的發現，非常令人感動。
妳還在那裡做什麼？
還不趕快來幫我挖掘啊！
好，來了。
慘了！得快點說明真相才行啊！
開玩笑！你敢說嗎？
那我們數一、二、三之後，一起去說吧…
嗯…這個…
這個…要怎麼說呢…
嗯？什麼事呢？
你們快來啊！又有大發現了！
請妳聽我們說啊！

A 真的。利用地底岩石內所含的水以及各種物質，經由化學反應獲得能量的地下生物圈確實是存在的。

真是不敢相信！我挖到這種東西了!!
快看啊！這是被吃剩的蘋果核啊！
這為什麼算是大發現呢？
因為蘋果樹是近代才從國外引進的植物，
而這個化石能證明遠古時代的日本就已經有蘋果樹了啊！
啊，那個是…
我剛剛還發現了這個！
呃，那個…
這是垃圾場裡的傘骨…
沒錯！
是很像傘骨的蝙蝠！在始祖鳥之前居然有這種生物存在！
這個是果汁罐頭…
不對，是扇貝的一種啊！
這只是掃把…
這是巨大的海百合呢！
你們聽我說嘛…
如果把這些發現拿去發表，一定會引起全世界古生物學者的熱烈討論！

人體工廠探測燈Q&A

Q 與人類非常接近的「類人猿」不包括下列何者？ ①大猩猩 ②日本獼猴 ③黑猩猩

A ②日本獼猴。大型類人猿包括黑猩猩、倭黑猩猩、紅毛猩猩、大猩猩這四種。日本獼猴被分類在舊世界猴中。

太好了，爸爸！
非常恭喜您！
聽我們講嘛！！
什麼！愚人節惡作劇！
怎…怎麼會……
是真的。
我用時光布變回來給你看。
※昏厥
！
爸爸！振作點啊！
ヘタヘタ
※偷偷摸摸
※鑽出

ゴソゴソ
※鑽出
ヒョイ
※抓起
什麼嘛！是三葉蟲啊…
三葉蟲？
喂！等一下啊！
哇！請原諒我們！
這個是怎麼做出來的啊？
我們剛才沒有做這個啊。
那就是說…
剛剛有真正的化石混在時光布裡一起復原了！
而且真的是新品種，世界上還沒發現過這種三葉蟲啊！
而且牠還是活的呢！
真是世紀大發現啊！

人體工廠探測燈Q&A

Q 人類是在什麼時候開始用火？

①大約160萬年前

②大約50萬年前

③大約1萬年前

A

①大約160萬年前。人類是地球上唯一能夠自由使用火的生物。科學家認為一開始是利用雷擊或森林大火的火。

謝謝你們給我們藏寶圖，真的找到驚人的寶物了喔！
？

地球最早的生物誕生於「原始湯」？

生物出現在地球上，是在地球誕生（約四十六億年前）後約四十億至三十八億年前。這段期間地球發生了什麼事呢？剛誕生的地球，頻頻受到無數小型天體和隕石撞擊，撞擊產生的熱讓地表熔化成一整片岩漿海。最後撞擊地球的小天體等含有的水分，變成大氣中厚厚的雲，在地表上降下大量的雨，在大約四十億年前形成廣大的海洋。

生物不可或缺的蛋白質材料是稱為「氨基酸」的有機物。科學家認為在形成這片廣大海洋當時，自然界的科學反應促使來自宇宙的無機物製造出有機物。

一九五〇年代，美國的史丹利．米勒教授將水蒸氣送進混合甲烷、氨、氫等元素的燒瓶裡，代替雷進行放電實驗，燒瓶裡累積的水的確產生出氨基酸等有機物質。後來也有人做過這類實驗，結果證明最早的生物誕

▼岩漿產生的熱使海底海水變成含有重金屬、甲烷、硫化氫等的熱水噴發，形成熱泉噴口。可信度最高的說法認為最早的生物在這裡誕生。

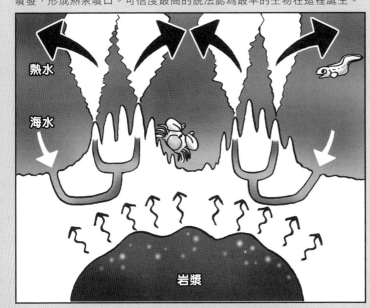

生自富含有機材料、可稱為「原始湯」的海洋裡。此主張成為可靠的說法。

最早的生物來自宇宙？

◀美國火星探測器「好奇號」。能夠在火星找到生物遺跡的話，有助於解開地球生物演化史。

出處／NASA, JPL-Caltech

前面介紹的「可靠」說法，是因為我們事實上還不清楚地球上最早的生物是如何誕生。在「原始湯」裡沒有稱為生命設計圖的「DNA」，因此有機物偶然合成生物不可或缺的蛋白質，這機率可說是奇蹟。

因此也出現了另一種說法，認為「生物在條件更好的天體上誕生，然後被隕石從宇宙帶到地球來」。宇宙裡充滿生命的種子，並透過隕石或彗星飛到地球來。如果這種說法正確的話，宇宙的某處或許存在與地球生物同樣「DNA」的生命。為了確認這一點，科學家也計畫利用國際太空站採集宇宙漂流物質，進行調查實驗。

特別專欄

海底住著「吃地球」的生物？

現今地球上的眾多生物，都是藉由植物行光合作用產生的有機物生存。不過，海底有一群生物是仰賴地球的能源生存。海底現在有個仍在噴出熱水的「熱泉噴口區」。海底湧出的熱水含有甲烷、硫化氫，發生氧化時會產生化學能源，而這個區域有大量的化學合成細菌會利用這個化學能源製造有機物。也就是說，他們靠著「吃地球」維生。科學家認為，在行光合作用的生物還不存在的原始地球初期，生物也是利用同樣方式，仰賴地球的能量存活。

生物究竟是什麼？

成爲生物的三大條件？

在格陵蘭近海的島嶼發現大約三十八億年前的岩石，岩石上找到了生物製造有機物的證據（化學化石）。這是我們目前已知、最古老的地球生物活動資訊。由此可知，地球上最早的生物誕生在海洋形成、地球環境穩定之後的四十億至三十八億年前這段時期。

那麼，「生物」到底是什麼呢？生物科學上一般認為具備下列三種特質者，就是生物。

①擁有獨立的空間，能夠與外界的世界切割。

②吸收外來的物質或能量，並能釋放物質或能量，擁有維持自己生命的功能（代謝）。

③能夠製造自己的子孫（自體複製）。

亦即「能夠保有自己的型態，同時進行自我成長活動，並且能夠延續生命給下一代的東西」就是生物。然後，生物擁有可稱為設計圖的基因資訊。現在地球上包括微生物在內，存在著數千萬甚至一億種的生物，不過事實上不管是細菌或人類，DNA的基因資訊結構都一樣。這表示所有生物都來自共同的祖先。

▼生物是什麼？生物的三大特徵就是：能夠不靠外界獨立存在，能夠促使自我成長，而且有能力留下子孫。

最早的生物如何演化？

地球最早誕生的生物是什麼樣子呢？一般認為該生物最接近現存生物中的「原核生物」。所謂原核生物是有DNA但沒有細胞核、構造最單純的生物，可分成大腸菌和藍綠菌這類「真細菌」，以及生活在高鹽高酸環境或火山附近熱水環境的「古細菌」。古細菌中還有能夠存活在攝氏一百度熱水裡的生物（極嗜熱菌）。

現在被認為最原始的生物是原核生物，不過相較於地球最早的生物，原核生物已經具備高度代謝系統，以及傳遞基因資訊系統，科學家認為最早的生物結構應該更原始，例如傳遞基因資訊的不是DNA，而是蛋白質本身等。

相對於沒有細胞核的原核生物，細胞內有細胞核、細胞核裡有DNA的生物稱為「真核生物」。包括阿米巴原蟲、草履蟲這類單細胞生物在內，多細胞的動植物全都屬於真核生物。真核生物的化石從大約二十一億年前的地層裡找到，表示在此之前就有真核生物存在。

在二十七億至二十五億年前，透過光合作用釋放氧氣的藍綠菌大量增加，造成地球環境大幅改變。為了能夠在充滿氧氣的環境裡生存下去，生物中出現懂得並擁有呼吸能力，能夠與藍綠菌共生的原核生物。就這樣，細胞內的零件越來越多，也變得越來越複雜，並且細胞變大，重要的DNA被藏在細胞核裡頭——科學家認為這就是真核生物出現的過程。最後，單細胞的真核生物逐漸變大，演化成為多細胞生物。

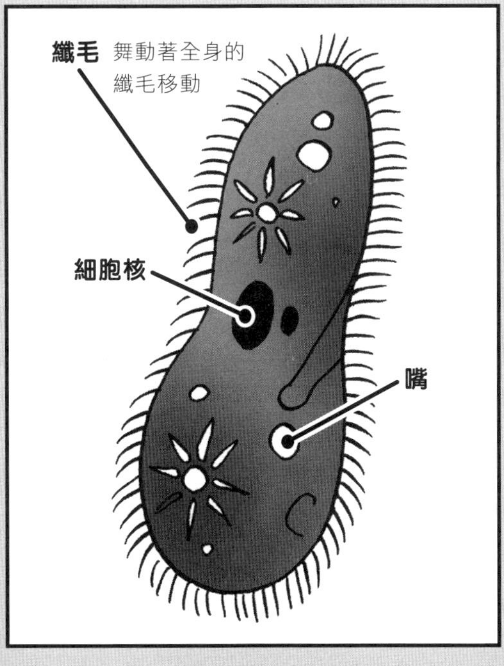

◀真核生物草履蟲雖然是單細胞生物，卻有細胞核，也具有運動、消化等構造。

讓它們看起來有如經過幾億年……

人類是如何演化而來？

哺乳類出現在地球上，是在中生代三疊紀（兩億五千一百萬年至兩億年前）後期，與恐龍差不多同一時期。早期的哺乳類大小只有十公分左右，模樣就像老鼠。科學家認為牠們屬於夜行性動物，主要捕食昆蟲等。中生代（兩億五千一百萬年至六千五百萬年前）是恐龍成為陸地霸主的時代。哺乳類躲著恐龍生存，演化成各式各樣的種類，當中也有大型犬的大小，還會攻擊剛出生的恐龍幼龍。

哺乳類一下子增加了許多種類，但能夠從中生代白堊紀末期（六千五百五十萬年前）發生的生物大滅絕中存活下來的種類寥寥無幾。跨越這場大滅絕，成為新生代（六千五百萬年以後）時期主角的是哺乳類之中的真獸類。哺乳類中的真獸類出現在白堊紀（一億四千六百萬年至六千五百萬年前），這個集團囊括了現在大多數的哺乳類，最大的特徵就是擁有胎盤，能夠讓孩子暫時停留在體內長大。

在新生代蓬勃發展的哺乳類之中，也包括人類遠古的

▼中生代出現的哺乳類躲開恐龍生存下來，並在新生代大幅演化。

祖先靈長類。靈長類選擇生活在森林的樹上，擁有能夠抓住物品的手指和腳趾，以及能夠朝前方看到立體物體、方便捕抓獵物的眼睛。然後到了大約一千七百萬年前，非洲出現了體型更大的類人猿祖先。

從猿人到新人，人類持續演化而來

出現於七百萬年至五百萬年前的猿人可說是人類最直接的祖先。他們因為地球變冷、變乾而進入廣大的草原（非洲大草原），開始以雙腳直立步行。因此空出來的前腳有了新的任務，可以用來使用工具，腦也跟著發達。到了大約一百八十萬年前，原人誕生，從非洲進入歐亞大陸，最後演化成為腦子更加發達的舊人。不過根據DNA的分析研究，當時出現的好幾種原人和舊人幾乎都絕跡了。現在最可靠的主張認為，分布在全世界的「新人」是大約二十萬年至十萬年前出現在非洲，在幾萬年前分散到世界各地，來自同樣起源的夥伴。

住在高地的居民血液中的紅血球較多，非洲血統的人較能夠承受強烈日晒（紫外線），不是非洲血統的人皮膚中的黑色素含量較少，諸如此類，廣布全世界的新人為了適應新環境，現在也仍在持續改變。但是我們今後將如何演化，沒有人知道。

▲ 經歷四十億年漫長生物史之後，今日的地球充滿各式各樣的生命。站在生態系頂端的人類，有責任保護這個豐富的環境。

後記 不可思議的「人類」

森千里

與你最靠近、想切割也無法切割的東西，就是你的身體。每天去學校、與朋友聊天、玩耍、讀書，累積這些經驗的就是你的身體。而像這樣去活動身體、去感覺、去記憶的則是你的腦。

讀完本書的你，是否明白了人類的身體與腦能夠同時進行著多麼複雜的工作了呢？即使沒去注意，身體和腦每天仍持續默默工作。心臟規律的跳動著，把血液送達全身，連一秒鐘也不曾停歇。吃下去的食物會在胃裡分解，由腸子吸收必要的營養，然後營養會順著血液流動，送到必要的地方。腦的每個部分都在執行自己的任務；把想到的事情變成詞彙，動嘴說出來，或是必須記住的時候，會把記憶收進大腦的抽屜裡。以上種種現象都只能說實在令人不可思議。

此外，閱讀本書之後，我相信各位也應該明白現代科學、醫學發展到什麼程度了。尤其在最近這半個世紀，分子生物學的領域有了長足的進步。過去必須切開肚子才能進行的手術，如今只要開幾個小洞就能夠辦到，這種情況越來越多，患者的負擔也減輕許多。口服膠囊型內視鏡的發明，也使得我們未來能夠輕鬆觀察人體內部。另外，再生醫學持續發展下去的話，總有一天，我們就能夠把生病或受傷失去的身體部位或臟器恢復原狀。

但是，不管科學技術多麼發達，我們仍然有許多未知的事物。有人說，人體就像一個宇宙，宇宙的盡頭是什麼模樣，誰也不知道。即使走得再遠、研究得再多，我們知道的仍然微乎其微。人類恐怕永遠也無法了解整個宇宙。同樣的情況在人體和人心上或許也一樣。

無論科學技術、醫學發展有多進步，人類仍無法長生不死。我們為什麼會生病？儘管已經知道許多原因，我們還是有許多不了解的疾病，對於人類的身體與疾病也尚未全盤了解。這些無止盡的「不可思議」挑起了許多研究人員的好奇心。

我想起年輕時第一次使用螢光顯微鏡記錄老鼠精子和卵子受精之後染色體擴大的過程。當時，我獨自一人三更半夜待在實驗室裡，忍不住大喊：「成功了！」我很希望叫醒其他人，讓他們看看那個影像。另外一次是在形成手指的過程中，當我發現手指與手指之間的細胞主動死亡（稱為「細胞程式死亡」或「細胞凋亡」）、形成手指形狀時，我再次對生命的神奇覺得感動。

儘管技術再進步，想要走在最前面，還是必須付出努力並且下工夫。走在最前面的科學家們即使沒時間睡覺、埋首研究，也很少能夠成功。儘管如此，他們仍舊在自己的專業領域致力研究。

原因在於，他們相信這些研究累積下來，將會為人類的未來帶來幸福。讓人類更健康、更幸福，並盡可能復原因

我先跟你說，藥丸有可能會沒效喔！

為意外或生病而損傷的身體，這是科學家的目標。

然後，還有一點很重要，在這些科學技術和醫學發達的同時，還必須找出能夠不生病的預防方法。一般人的注意力往往擺在華麗的技術發展上，事實上最好還是能夠預防生病。解開生病的原因之後，除了治療方法之外，研究預防方法也非常重要。

人類的心靈和身體充滿著「不可思議」，今後也會有許多科學家將挑戰解開這些「不可思議」。期待閱讀本書的各位之中，也會出現挑戰這些「不可思議」的人。

哆啦A夢科學任意門 7

人體工廠探測燈

●漫畫／藤子・F・不二雄
●原書名／ドラえもん科学ワールド── からだと生命の不思議
●日文版審訂／Fujiko Pro、森千里（日本千葉大學）
●日文版撰文／瀧田義博、山本榮喜、窪內裕
●日文版版面設計／bi-rize
●日文版封面設計／有泉勝一（Timemachine）
●插圖／佐藤諭、齋藤基貴
●日文版編輯／山本英智香

●翻譯／黃薇嬪
●台灣版審訂／黃榮棋

發行人／王榮文
出版發行／遠流出版事業股份有限公司
地址：104005 台北市中山北路一段 11 號 13 樓
電話：(02)2571-0297　傳真：(02)2571-0197　郵撥：0189456-1
著作權顧問／蕭雄淋律師

2016 年 3 月 1 日 初版一刷　2024 年 1 月 1 日 二版一刷
定價／新台幣 350 元（缺頁或破損的書，請寄回更換）
有著作權・侵害必究 Printed in Taiwan
ISBN 978-626-361-342-3
遠流博識網 http://www.ylib.com　E-mail:ylib@ylib.com

◎日本小學館正式授權台灣中文版
●發行所／台灣小學館股份有限公司
●總經理／齋藤滿
●產品經理／黃馨瑝
●責任編輯／小倉宏一、李宗幸
●美術編輯／李怡珊、蘇彩金

國家圖書館出版品預行編目 (CIP) 資料

人體工廠探測燈 / 藤子・F・不二雄漫畫；日本小學館編輯撰文；黃薇嬪翻譯. -- 二版. -- 台北市：遠流出版事業股份有限公司, 2024.1
面；　公分. --（哆啦A夢科學任意門；7）

譯自：ドラえもん科学ワールド：からだと生命の不思議
ISBN 978-626-361-342-3（平裝）

1.CST: 人體學　2.CST: 漫畫

397　112016971

DOREAEMON KAGAKU WORLD—KARADA TO SEIMEI NO FUSHIGI
by FUJIKO F FUJIO
©2012 Fujiko Pro
All rights reserved.
Original Japanese edition published by SHOGAKUKAN.
World Traditional Chinese translation rights (excluding Mainland China but including Hong Kong & Macau) arranged with SHOGAKUKAN through TAIWAN SHOGAKUKAN.

※本書為 2012 年日本小學館出版的《からだと生命の不思議》台灣中文版，在台灣經重新審閱、編輯後發行，因此少部分內容與日文版不同，特此聲明。